景新幸·主编

高频电子电路

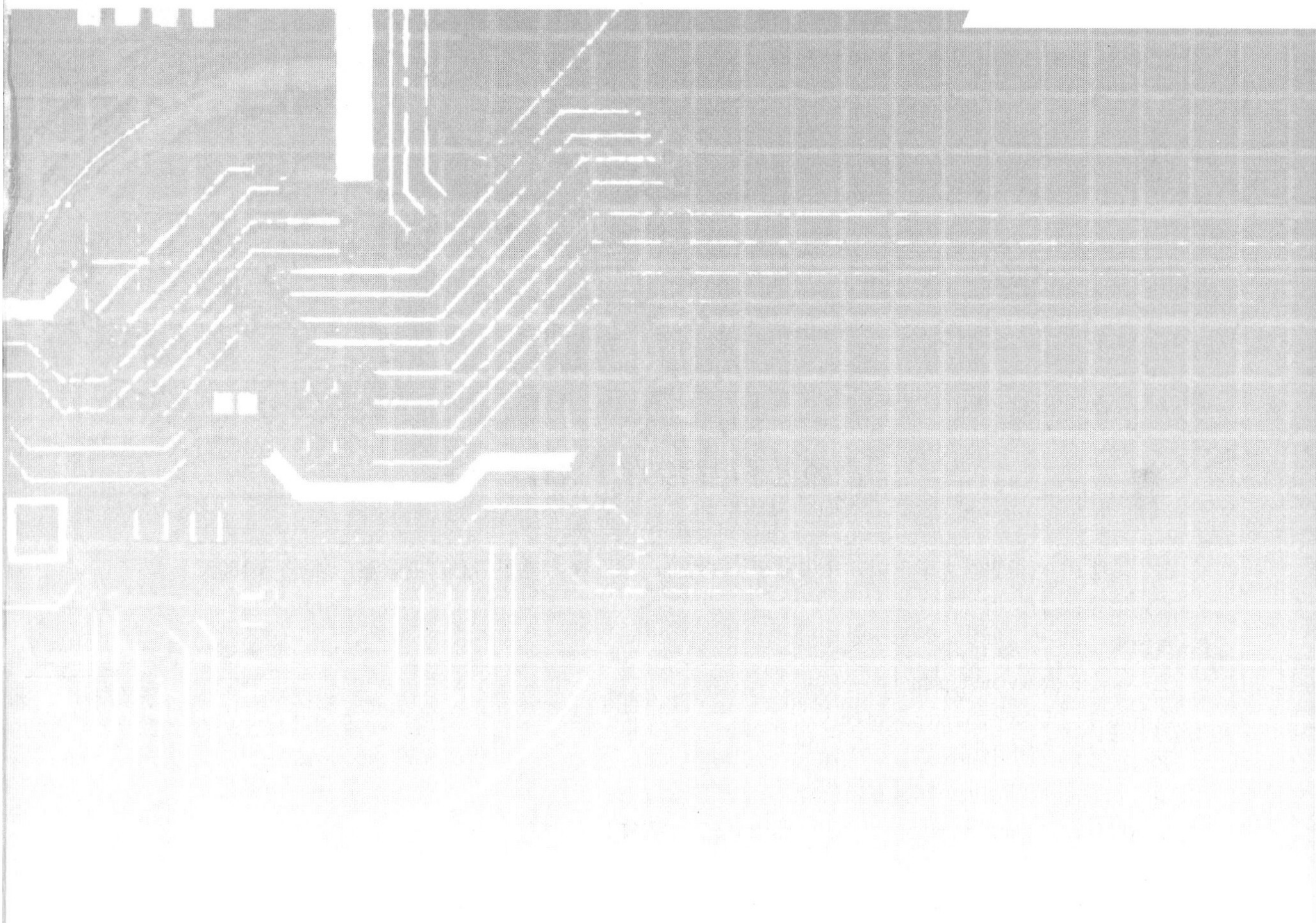

电子科技大学出版社
University of Electronic Science and Technology of China Press

·成都·

图书在版编目（CIP）数据

高频电子电路实验·设计·仿真 / 景新幸主编. 一成都：电子科技大学出版社，2011.12（2023.2 重印）

ISBN 978–7–5647–1016–3

Ⅰ.①高…　Ⅱ.①景…　Ⅲ.①高频—电子电路—实验—教材　Ⅳ.①TN710-33

中国版本图书馆 CIP 数据核字（2011）第 250047 号

高频电子电路实验·设计·仿真

景新幸　主编

出　　版	电子科技大学出版社（成都市一环路东一段 159 号电子信息产业大厦　邮编：610051）
策划编辑：	万晓桐
责任编辑：	万晓桐
主　　页	www.uestcp.com.cn
电子邮件：	uestcp@uestcp.com.cn
发　　行	新华书店经销
印　　刷	成都市火炬印务有限公司
成品尺寸	185mm×260mm　　印张 6.5　　字数 162 千字
版　　次	2011 年 12 月第一版
印　　次	2023 年 2 月第五次印刷
书　　号	ISBN 978-7-5647-1016-3
定　　价	25.00 元

■ 版权所有　侵权必究 ■

◆　本社发行部电话：028-83202463；本社邮购电话：028-83201495。

◆　本书如有缺页、破损、装订错误，请寄回印刷厂调换。

前　言

"通信电子电路"是电子信息类专业一门重要的技术基础课程，具有很强的理论性、工程性及实践性特点。"通信电子电路实验"是桂林电子科技大学国家级精品课程"电子电路实验"的重要内容之一。本教材是根据"通信电子电路"课程大纲的基本要求，在总结多年实验教学经验及当前教学改革和教学体系建设的要求下编写而成的。

本实验教材以模拟语音通信系统为主要研究对象，围绕发射和接收系统中所涉及的高频功能电路展开实验教学，目的是使学生掌握通信系统的基本组成，单元电路的工作原理，静态、动态分析及通信系统的调试方法。

教材共分 4 章。第 1 章介绍通信电子电路实验的性质与任务以及电路的调试及故障检测；第 2 章为验证性实验内容，第 3 章为综合设计性实验内容；第 4 章为仿真实验内容，最后部分为附录，介绍常见高频实验仪器的使用。

教材在保留基本的验证性实验的基础上，加大了设计性、综合性实验的比例；引入了仿真实验内容；通过设计—仿真—制作的实验方式，使学生对通信电子电路课程中所涉及的专业知识、专业技能、专业素养等方面得到深化和提高。

通过对高频单元电路的仿真分析及性能测试，使学生掌握通信电子电路中常见的高频单元电路的构成原理，掌握常用基本电路的调整及主要性能指标的测试。

通过整机联调调幅发射机与接收机和调频发射机与接收机，使学生能够系统地了解高频发射、接收电路的基本形式及工作原理，深入地了解无线电发射和接收系统。

通过设计制作无线发射、接收系统中功能电路，并嵌入整机系统中联调实验，使学生掌握常见高频功能电路设计方法，了解相关功能电路在系统中所处的地位，更深入地了解无线电发射和接收系统。

总之，通过本课程实验技能训练，使学生能够对实验的数据和结果有初步分析能力，并写出规范的实验报告及分析结论；能够根据实验结果，通过理论分析，找出内在的联系，从而完成对电路有关参数的调整，使其符合性能指标要求，提高学生的工程实践能力。

本书由景新幸担任主编，孟德明、王土央、严俊担任副主编，周娅教授、周胜源教授审阅。本书还得到黄平高、蔡春晓等老师的大力支持，他们为本书提出了很多宝贵意见，在这里一并向他们表示感谢。

作者深知，通信电子电路所涉及的范围极广，这一领域的技术更新发展迅速，本书不可能概全，难免有疏漏、错误和不足之处，恳请读者不吝指正！

作者

2011 年 5 月 18 日

目 录

第1章 绪 论 1
    1.1 通信电子电路实验内容及特点 1
    1.2 通信电子电路实验特点 1
    1.3 通信电子电路实验方法 2
        1.3.1 通信电子电路实验的一般过程 2
        1.3.2 通信电子电路实验注意事项 3

第2章 基础验证性实验 5
    实验一 高频小信号调谐放大器 5
    实验二 高频丙类功率放大器 14
    实验三 LC 正弦波振荡器 19
    实验四 石英晶体振荡器 26
    实验五 模拟乘法器应用 28
    实验六 变容二极管调频振荡器及相位鉴频 34
    实验七 集成电路（压控振荡器）构成的频率调制器 39
    实验八 集成电路(锁相环)构成的频率解调器 42
    实验九 上变频混频器实验 45
    实验十 下变频混频器实验 49
    实验十一 中频 AGC 放大器实验 52

第3章 综合设计性实验 56
    实验一 调幅发射机与接收机系统综合实验 56
    实验二 调频发射机与接收机系统综合实验 60
    实验三 高频小信号调谐放大器设计 63
    实验四 LC 正弦波振荡器的设计 66
    实验五 晶体振荡—混频器设计 68
    实验六 高频丙类功率放大器设计 71

第4章 仿真实验 74
    实验一 LC 并联谐振回路仿真分析 74

实验二　高频小信号谐振放大电路仿真分析 76
   实验三　高频丙类功率放大电路仿真分析 78
   实验四　LC 振荡器电路仿真分析 80
   实验五　DSB 调幅及同步检波电路仿真分析 82

附录　主要实验仪器使用介绍 85

参考文献 98

第1章 绪　　论

1.1 通信电子电路实验内容及特点

通信电子电路是通信系统，特别是无线通信系统的基础，随着电子技术的发展，通信电子电路已广泛应用于国民经济、军事和人们日常生活的各个领域。

通信电子电路主要内容包括高频小信号调谐放大器和高频功率放大器，高频振荡器、调制器、解调器、混频器与负反馈控制电路等。除了高频小信号调谐放大器以外，都属于非线性电路。通信电子电路实验主要是研究上述各种电路的基本工作原理，对常用电路进行工程计算、仿真、调试与测试，学习相关仪器仪表的使用方法。由于通信电子电路工作频率一般较高，电路相对复杂，在理论分析时往往简化了一些实际问题，做了一定的抽象与归纳，因此通信电子电路实验必然有许多实际问题及理论概念需要通过实践环节进行学习和加深理解；另外，实践经验的积累还可以帮助开阔思路，提高创新能力；所以实践环节在通信电子电路课程中占有举足轻重的地位。

通信电子电路实验中处理的信号主要有基带信号、高频载波信号和已调信号。所谓的基带信号就是调制前的原始信号，也称为调制信号。高频载波信号主要用于调制的高频振荡信号和用于接收机解调的本地载波信号，一般为单一频率的正弦信号。已调信号就是调制信号对载波进行调制后的信号。

所谓的调制，就是用调制信号去控制高频载波信号的某一参数（幅度，频率，相位）的过程。在模拟通信系统中根据调制过程的不同，可分为幅度调制，频率调制和相位调制。

在无线通信系统中，调制的目的及原因是高频信号适合于天线发射及无线传播。只有当天线的尺寸和信号的波长能有比拟的时候，天线才有较高的发射效率。由于基带信号频率低，因此要实现无线传输就必须采用调制技术，将低频信号搬移到高频载波上，才能实现信号的有效传输。

另外，高频信号的频率越高，可利用的频带就越宽，可以容纳更多的互不干扰的信道，实现频分复用或频分多址，这是无线通信采用高频的原因之一。

1.2 通信电子电路实验特点

由于通信电子电路工作频率一般都比较高，电路复杂，在理论分析时往往简化了一些实际问题，进行了一定的归纳和抽象，因此通信电子电路有许多实际问题及理论概念需要通过实践教学进行学习和加深理解。

通信电子电路实验技能是电子信息类工程技术人员必须具备的基本技能，实验课是培养实验技能最有效的方法。

通信电子电路实验与低频电路实验类似，但由于工作频率较高，且多工作于非线性状态，因此通信电子电路实验有如下特点：

（1）由于实验电路工作频率高，电路寄生参数以及测试仪器将严重影响电路的调整及测量结果的准确性。

（2）由于通信电路大部分属于非线性电路，电路的计算、调试过程比较复杂，故障处理难度大。

（3）相应的实验仪器具有功能多，结构复杂的特点，操作步骤较多。

1.3　通信电子电路实验方法

1.3.1　通信电子电路实验的一般过程

通信电子电路实验内容广泛，每个实验的目的、步骤也有所不同，但基本过程却是相似的。为了达到实验目的，要求实验者做到：实验前认真预习，实验中遵守实验操作规则，实验结束后认真完成实验报告。

一、预习

为了避免实验的盲目性，使实验顺利地进行及完成，在每个实验前都必须 实验指导书，复习相关理论，理解实验原理，明确实验目的、内容及要求，并通过仿真分析强化理解，最后写出实验预习报告。预习报告主要内容包括：

（1）实验目的、要求等。

（2）实验基本原理。

（3）实验仪器及相关实验设备。

（4）电路设计过程及仿真分析。

（5）实验步骤及测试方法、数据记录表格等。

二、实验操作规则

做好实验预习并严格遵守实验操作规则，是提高实验效果、保证实验质量的重要前提。因此实验者必须做到以下几点：

（1）实验课必须认真听讲，结果预习情况做好记录，明确实验中的相关问题。

（2）检查电源是否正常，检查实验所需的仪器设备，测试线等是否齐全。

（3）实验电路的连接及测试步骤必须按照预习报告、实验指导书及讲解要求要求进行。

（4）实验电路测试前，首先检测电源设置是否正确，然后按实验步骤完成各项调整及测试内容。

（5）实验过程中应结合预习及时分析所测试数据和观察到的信号是否合理，如有问题应尽量查找问题，实验过程中应耐心细致，注意思考，认真分析，不断提高独立实验能力。

（6）实验结束后将实验结果交与实验指导老师查看后，整理实验现场及仪器设备才可离开实验室。

三、实验报告

实验报告是对实验工作的总结，也是实验课的继续及提高，通过撰写实验报告，可以培养学生解决综合问题的能力，实验报告的要求如下：

（1）实验报告主要内容有：实验名称、目的和要求，实验电路及工作原理、实验仪器仪表、实验内容及测试电路、测试数据、电路设计过程及实验结果分析等。

（2）实验报告应采取科学态度，对实验数据和结果进行必要的理论分析，不得任意篡改实验原始数据，更不可伪造实验数据。

（3）详细记录实验测试过程中出现的问题及故障、分析原因及排除方法。

（4）实验报告要求整齐规范、内容精练、分析合理、客观科学，计算过程清楚、测试数据齐全、规范作图等。

1.3.2 通信电子电路实验注意事项

由于通信电子电路实验工作频率比较高，使用的仪器比较多，为了顺利完成实验、得到理想的实验结果，实验过程应注意以下几点。

（1）连接线尽量短。电路中各元件之间的连线应尽量短，并尽量减小相互之间的寄生耦合。因为导线本身具有一定的分布电感和电容，导线越长，分布参数影响越严重，当工作频率达到上百兆赫兹时，可能构成正反馈使电路工作不稳定，甚至不能工作。因此，电路安装时，最好焊接在通用板上，如果使用面包板，元器件插脚和连线应尽量短而直。

（2）正确使用仪器。选用仪器时一定要考虑对被测电路的影响尽可能的小。因为被测电路本身工作频率高，若所用的仪器具有很大的输入电容或很小的输入电阻，则可能导致电路不能正常工作，或导致很大的测量误差。如示波器的输入电容会影响谐振回路的调谐等。此时示波器的测试线应采用带有衰减探头的屏蔽线并将衰减置于 X10 档。其次，为了减小仪器对被测电路的影响，减小测量误差，选择合理的测试点也很重要，测试点应取在电路的低阻抗点，或采取隔离措施。否则会导致较大的测量误差。

仪器测试线应尽量使用屏蔽线，屏蔽线的外层接线应连接到电路的公共地端。示波器带有衰减探头的屏蔽线可以减小分布电容的影响，提高测试精度。

（3）注意共地问题。实验中一定要注意被测电路的仪器共地问题。测试仪器本身有一个接地线，一般与机壳连接，用黑色导线。测试连线和输入、输出连接线一般为红色，称为正端或芯线，正确连线应该是地线与地线相连，芯线与芯线相连接，否则高频感应将十分严重，干扰信号可能进入检测仪器的输入端，造成很大的测量误差，这时如果用示波器观察波形，可以看到许多干扰信号混了进去，无法精确测量。

（4）及时分析实验测试结果。在实验过程中应及时对测量数据进行分析，以便纠正测试过程中因干扰和其他原因而得到不准确的实验数据。

（5）故障查找与排除。实验过程中，不可避免地会出现这样和那样的实验故障，必须认真对待，不可将所有故障简单归结为实验仪器损坏。通过实验故障的查找与排除，以及进一步分析实验故障的原因，可以提高实验故障查找和排除实验故障的能力，使实验技能得到进一步的提高。

很多实验者在实验中对遇到的实验故障束手无策，也有部分实验者一遇到实验故障就拆掉电路重新安装，这些都不是对待实验故障的正确方法。实验中对实验故障的做法是：认真检测电路，查找故障，运用所学知识分析故障原因，然后加以解决。

对于一个比较复杂的系统，分析、查找和排除故障不是一件简单的事情，因此必须认真分析实验现象，确认可能产生故障的原因，对照实验原理图，逐步检查出故障并解决之。

检查实验故障的方法很多，但一般按下列步骤进行：

（1）不通电检测。首先利用万用表检测电路中应该连接的点是否接通，是否有漏线和错线，是否接触不良，元件是否接错、极性有没有接反等。

（2）通电检测。首先测量电源电压是否正确，然后测量静态工作点，当测量值与估算值相差过大时，可以经过分析查找到故障，对于大功率电路，应观察主要元件是否烫手，电路有无冒烟等，这一步在实际操作中很重要，实验中大部分故障都可以通过直流测试来发现。

（3）动态检测。动态检测是指在加入信号后所进行的调试工作，电路接入规定的输入信号后，通过示波器观察输入、输出信号波形、频率、幅度，以判断电路工作是否正常，逐级观察信号，若那一级出现异常，则问题就出现在那一级。有时可断开后一级电路，观察信号波形及幅度变化来查找故障，可以缩小故障检测范围。有时候故障比较隐蔽，难以很快排除，这时可以利用更换元器件的方法，将可能损坏的器件加以更换，然后再测试。实验中还应注意仪器所引起的故障情况，如测量仪器本省故障或测量仪器使用方法不当造成的仪器设备不能正常工作的情况。

（4）指标测试。电路调整好了以后，可进行指标测试，指标测试是一项细致的工作，通过对测试数据的分析，能够对设计电路做出完整、求实的结论；发现实验电路与设计要求之间差异，找出原因，及时调整，甚至修正电路设计方案；由此可见，指标测试既是过程也是结果，为了得到满意的电路、可靠的数据，经常需要进行多次重复的指标测试。

第 2 章 基础验证性实验

实验一 高频小信号调谐放大器

小信号调谐放大器常指发射机和接收机中以 LC 谐振回路为负载的电压放大器,其作用是在众多的微弱信号中选出有用的信号加以放大,以达到高频功率放大器或检波电路所需要的幅度。小信号调谐放大器的基本要求是:增益高,选择性好,稳定性好,噪声小,特别处在接收机前端的小信号调谐放大器,对整机的信噪比影响较大。

I. 高频小信号单调谐放大器实验

一、实验目的

1. 了解频谱仪的使用方法。
2. 了解和掌握典型高频小信号单调谐放大器的构成。
3. 了解和掌握谐振放大器幅频特性曲线(谐振曲线)的绘制及通频带 BW 及矩形系数 $Kr0.1$ 的测量。
4. 研究谐振回路的并联电阻 R 对通频带及选择性的影响。
5. 掌握放大器的动态范围及其测试方法。

二、实验预习要求

1. 复习谐振回路的工作原理。
2. 掌握高频小信号调谐放大器静态工作点的选择原则。
3. 了解谐振放大器的电压放大倍数、动态范围、通频带及选择性相互之间关系。
4. 通过仿真实验了解参数变化对放大器性能的影响(通频带,增益,)。

仿真要求:

1. Multisim10 中按图 2.1.1 构建电路。
2. 改变射极电阻,测试放大器增益。
3. 改变集电极电阻,测试放大器增益和通频带。
4. 改变谐振回路电容或电感大小,测量通频带及谐振放大倍数。

三、实验原理

单调谐实验单元电路如图 2.1.1 所示。该电路主要部分由晶体管 $V7001$、选频回路两部分组成。本实验中输入信号的频率 f_S=10.7MHz。基极偏置电阻 R_{7001}、R_{7002} 和射极电阻 R_e 决定晶体管的静态工作点。实验中通过改变射极电阻改变射极静态电流。

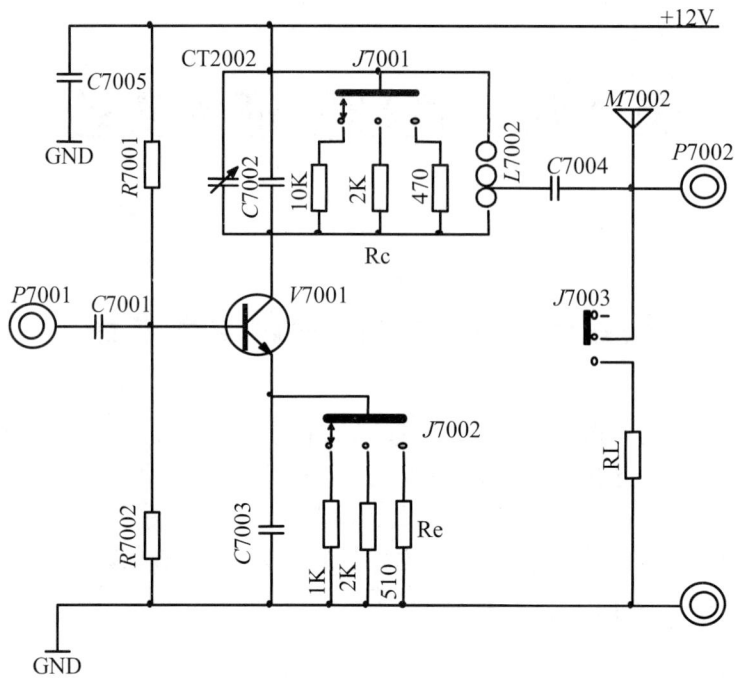

图 2.1.1 单调谐小信号放大电路

表征高频小信号调谐放大器的主要性能指标有谐振频率 f_0，谐振电压放大倍数 A_{V0}，放大器的通频带 BW 及选择性（通常用矩形系数 $K_{r0.1}$ 来表示）等。

放大器各项性能指标及测量方法如下：

1. 谐振频率

放大器的调谐回路谐振时所对应的频率 f_0 称为放大器的谐振频率，对于图 2.1.1 所示电路（也是以下各项指标所对应电路），f_0 的表达式为

$$f_0 = \frac{1}{2\pi\sqrt{LC_\Sigma}}$$

式中，L 为调谐回路电感线圈的电感量；C_Σ 为调谐回路的总电容。

谐振频率 f_0 的测量方法是：

用示波器作为测量仪器，测出电路的输出信号波形，调变压器 T 的磁芯，使是输出信号幅度达到最大。

2. 电压放大倍数

放大器的谐振回路谐振时，所对应的电压放大倍数 A_{V0} 称为调谐放大器的电压放大倍数。

A_{V0} 的测量方法是：在谐振回路已处于谐振状态时，用示波器测量图 1-1-1 中输出信号 V_0 及输入信号 V_i 的大小，则电压放大倍数 A_{V0} 由下式计算：

$$A_{V0} = V_0/V_i \quad \text{或} \quad A_{V0} = 20\lg(V_0/V_i) \text{ dB}$$

3．通频带

由于谐振回路的选频作用，当工作频率偏离谐振频率时，放大器的电压放大倍数下降，习惯上称电压放大倍数 A_V 下降到谐振电压放大倍数 A_{V0} 的 0.707 倍时所对应的频率偏移称为放大器的通频带 BW，其表达式为

$$BW = 2\triangle f_{0.7} = f_0/Q_L$$

式中，Q_L 为谐振回路的有载品质因数。

通频带 BW 的测量方法：是通过测量放大器的谐振曲线来求通频带。测量方法可以是扫频法，也可以是逐点法。逐点法的测量步骤是：先调谐放大器的谐振回路使其谐振，记下此时的谐振频率 f_0 及电压放大倍数 A_{V0} 然后改变高频信号发生器的频率（保持其输出电压 V_S 不变），并测出对应的电压放大倍数 A_{V0}。由于回路失谐后电压放大倍数下降，所以放大器的谐振曲线如图 2.1.2 所示。

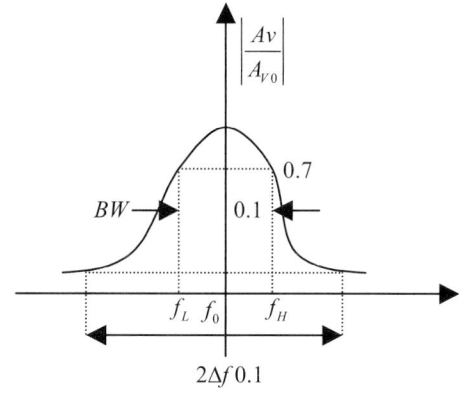

图 2.1.2　谐振曲线

由上图可知

$$BW = f_H - f_L = 2\Delta f_{0.7}$$

矩形系

$$K_{r0.1} = \frac{\Delta f_{0.1}}{\Delta f_{0.7}}$$

$$Q = \frac{f_0}{\Delta f_{0.7}}$$

通频带越宽放大器的电压放大倍数越小。要想得到一定宽度的通频宽，同时又能提高放大器的电压增益，除了选用 y_{fe} 较大的晶体管外，还应尽量减小调谐回路的总电容量 C_Z。如果放大器只用来放大来自接收天线的某一固定频率的微弱信号，则可减小通频带，尽量提高放大器的增益。

4．选择性——矩形系数。

调谐放大器的选择性可用谐振曲线的矩形系数 $K_{r0.1}$ 时来表示，如图 2.1.2 所示的谐振曲线，矩形系数 $K_{r0.1}$ 为电压放大倍数下降到 $0.1\,A_{V0}$ 时对应的频率偏移与电压放大倍数下降到 $0.707\,A_{V0}$ 时对应的频率偏移之比，即

$$K_{r0.1} = 2\Delta f_{0.1}/2\Delta f_{0.7} = 2\Delta f_{0.1}/BW$$

上式表明，矩形系数 $K_{r0.1}$ 越小，谐振曲线的形状越接近矩形，选择性越好，反之亦然。

一般单级调谐放大器的选择性较差（矩形系数 $K_{r0.1}$ 远大于 1），为提高放大器的选择性，通常采用多级单调谐回路的谐振放大器。可以通过测量调谐放大器的谐振曲线来求矩形系数 $K_{r0.1}$。

四、实验仪器

1. 双踪示波器。
2. 扫频仪。
3. 频谱仪。
4. 高频信号发生器。
5. 高频毫伏表。
6. 万用表 7.TPE-TXDZ 实验箱（实验区域：I 区单回路调谐放大器）。

五、实验步骤及测试方法

实验系统构成框图如图 2.1.3 所示。

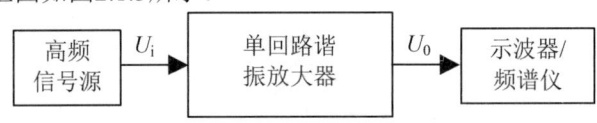

图 2.1.3　实验系统构成框图

注1：实验开始前，应把本模块的电源开关打开，电源指示灯亮。

注2：本实验的信号幅度测量值用高频毫伏表测量，得到的是其有效值；用示波器测量，其峰峰值除以 $2\sqrt{2}$ 即为有效值。

1. 根据电路原理图熟悉实验板电路，并在电路板上找出与原理图相对应的各测试点及可调器件。

2. 打开小信号调谐放大器的电源开关，并观察工作指示灯是否点亮，红灯为+12V 电源指示灯。(以后实验步骤中不再强调打开实验模块电源开关步骤)

3. 调整晶体管的静态工作点：

在不加输入信号时用万用表（直流电压测量挡）测量 V_{BQ}，V_{EQ}，使 V_{EQ} 2V 左右，记录此时的 V_{EQ}，并计算出此时的 $I_{EQ}=V_{EQ}/R_5$（R_5=1kΩ），填入表 2.1.1。

表　2.1.1

实　　测		实测计算		根据 V_{CE} 判断 V 是否工作在放大区		原因
V_{BQ}	V_{EQ}	I_C	V_{CEQ}	是	否	

放大区应满足的条件：V_{BEQ} 即 $V_{BQ}-V_{EQ}\approx 0.6V\sim 0.7V$，$V_{CEQ}$ 即 $V_{CQ}-V_{EQ}$ 应大于 1V 且小于电源电压

4. 搭建好测试电路，输入端加频率 10.7MHz，峰峰值为 20mV 的信号，用示波器观测输出端，一般情况下会得到和输入信号频率相同，幅度比输入信号大若干倍的信号，若实

验过程中观测不到输出信号，或输出信号的幅度过小（如小于输入信号的 3 倍），首先 n 检测电源是否加上；其次，检测所用的连接线是否完好，信号源能否输出信号；最后检测放大器的静态工作点是否正常。若实验中检测到其他的故障现象，请在实验报告中体现出来。

5. 通过调整谐振回路的电容使谐振回路谐振在输入信号的频率点（10.7MHz）上。调节方法：将示波器探头连接在调谐放大器的输出端上，调节示波器直到能观察到输出信号的波形，再调节谐振回路电容使示波器上的信号幅度最大，此时放大器即被调谐到输入信号的频率点上。

6. 测量电压增益 A_{v0}。在调谐放大器对输入信号已经谐振的情况下，用示波器探头在输入端和输出端分别观测输入和输出信号的幅度大小，则 A_{v0} 即为输出信号与输入信号幅度之比。

7. 测量放大器的频率特性。对放大器频率特性的测量有下面两种方式：其一是用频率特性测试仪（即扫频仪）直接测量；其二则是用点频法来测量。本次实验中采用点频法来测试放大器的频率特性。

点频法测量：即用高频信号源作扫频源，然后用示波器来测量各个频率信号的输出幅度，最终描绘出通频带特性。

具体方法：

通过调节放大器输入信号的频率，使信号频率在谐振频率附近变化，并用示波器观测各频率点的输出信号的幅度，填入如表 2.1.2。

表 2.1.2

f（MHz）						f_0				
$R=10\text{k}\Omega$	f									
	Vpp									
$R=2\text{k}\Omega$	f									
	Vpp									
$R=470\Omega$	f									
	Vpp									

计算 f_0=10.7MHz 时的电压放大倍数及回路的通频带和 Q 值。

改变谐振回路电阻，即 R 分别为 2kΩ、470Ω时，重复上述测试，并填入表 2.1.2。比较通频带变化情况，并分析原因。

8. 测放大器的动态范围（在谐振点）

（1）选 R=10k。R_e=1k。把高频信号发生器接到电路输入端，电路输出接示波器，选择正常放大区的输入电压 V_i，调节频率 f 使其为 10.7MHz，调节中周使回路谐振，使输出电压幅度为最大，此时调节 V_i 由 0.02 变到 0.8V，逐点记录 V_0 电压，并填入表 2.1.3。V_i 的各点测量值可根据（各自）实测情况来确定。

（2）当 R_e 分别为 500Ω、2kΩ时，重复上述过程，将结果填入表 2.1.3。在同一坐标纸上作图，并进行比较和分析。

表 2.1.3

$V_i(V)$		0.02									0.8
$V_0(V)$	R_e=1k										
	R_e=500Ω										
	R_e=2k										

六、实验报告要求

（1）画出电路的直流和交流等效电路，计算直流工作点，与实验实测结果比较。

（2）整理实验数据，分析说明回路并联电阻 R 对 Q 值的影响。

（3）整理实验数据，画出回路并联电阻 R 为不同值时的幅频特性曲线，整理并分析原因。

（4）放大器的动态范围是多少(放大倍数下降1dB的折弯点 V_0 定义为放大器动态范围)，讨论 Ie 对动态范围的影响。

（5）记录实验中的故障现象。

II．双回路谐振放大器

一、实验目的

1．了解频谱仪的使用方法。

2．了解和掌握典型高频双回路谐振放大器的构成方法。

3．了解和掌握双回路谐振放大器在弱耦合和强耦合时的幅频特性曲线（谐振曲线）的绘制。

4．了解和掌握利用频谱仪观察谐振放大器的谐振曲线，并计算出回路的通频带 BW 及矩形系数 $K_r0.1$。

二、实验预习要求

1．复习谐振回路的工作原理。

2．掌握高频小信号调谐放大器静态工作点的选择原则。

3．了解谐振放大器的电压放大倍数、动态范围、通频带及选择性相互之间关系。

4．通过仿真实验了解参数变化对放大器性能的影响（通频带，增益）。

仿真要求：

1．Multisim10 中按图 2.1.4 构建电路。

2．改变射极电阻，测试放大器增益。

3．改变集电极电阻，测试放大器增益和通频带。

4．改变谐振回路电容或电感大小，测量通频带及谐振放大倍数。

5．改变 Cc 的大小，测量通频带及谐振放大倍数。

三、实验原理

1．高频双回路调谐放大器的实验电路图如图2.1.4所示。

其中,"Cc"电容用来调节双回路的耦合系数。

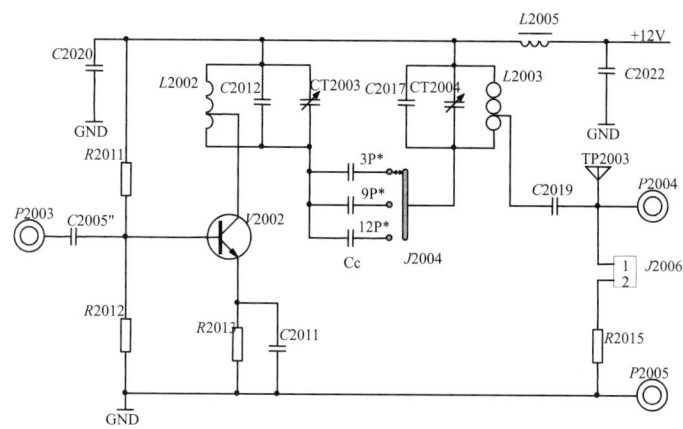

图 2.1.4 高频双回路调谐放大器的实验电路图

2. 双回路调谐放大器的幅频特性.

典型双回路谐振放大器幅频特性如图2.1.5所示。

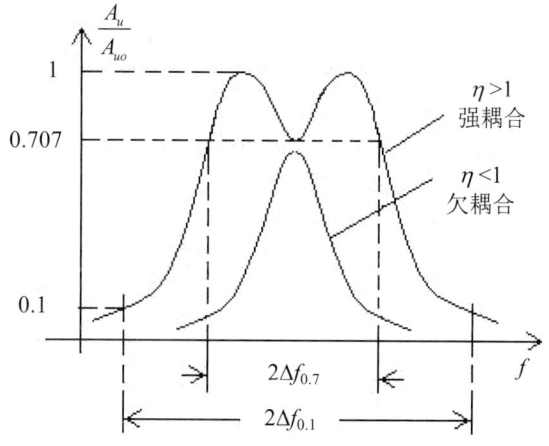

图 2.1.5 典型双回路谐振放大器幅频特性

图2.1.5中,$\eta<1$时,称为弱耦合,这时谐振曲线为单峰,且在谐振点上,谐振曲线的幅值较小,$\eta>1$时,称为强耦合,此时谐振曲线为双峰。

本实验仅研究初、次级完全对称的情况,即两个回路的各元件参数均相等。此时初级和次级都谐振于同一个中心频率 f_0 上。

四、实验仪器

1. 双踪示波器。
2. 扫频仪。
3. 频谱仪。
4. 高频信号发生器。
5. 高频毫伏表。

6. 万用表。

7. TPE-TXDZ 实验箱（实验区域：I 区双回路调谐放大器）。

五、实验步骤及测试方法

实验系统构成框图如图2.1.6所示。

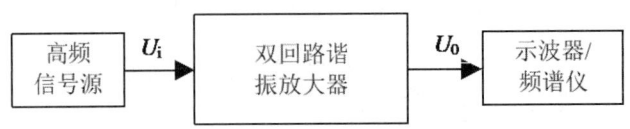

图 2.1.6　实验系统构成框图

1. 测两晶体管的静态工作点。

在不加输入信号时用万用表（直流电压测量挡）测量 V_{BQ}，V_{EQ}，使 V_{EQ} 2V 左右，记录此时的 V_{EQ}，并计算出此时的 $I_{EQ}=V_{EQ}/R_5$（$R_5=1\text{k}\Omega$），填入表 2.1.4。

表　2.1.4

实　　测		实测计算		根据 V_{CE} 判断 V 是否工作在放大区		原因
V_{BQ}	V_{EQ}	I_C	V_{CEQ}	是	否	

放大区应满足的条件：V_{BEQ} 即 $V_{BQ}-V_{EQ}\approx 0.6\text{V}\sim 0.7\text{V}$，$V_{CEQ}$ 即 $V_{CQ}-V_{EQ}$ 应大于 1V 且小于电源电压

2. 测双回路放大器的频率特性。

按图 2.1.4 所示连接电路，将高频信号发生器输出端接至电路输入端，选 C_c=3pf，置高频信号发生器频率为 10.7MHz，反复调整 C_{T2003}、C_{T2004} 使两回路谐振，使输出电压幅度为最大，此时的频率为中心频率，然后保持高频信号发生器输出电压不变，改变频率，由中心频率向两边逐点偏离，测得对应的输出频率 f 和电压值，并填入表 2.1.5。

表　2.1.5

	f（MHz）				10.7				
V_0	C= 3pf								
	C= 9pf								
	C=12pf								

改变耦合电容 C_c 为 9pf、12pf，重复上述测试，并填入表 2.1.5。

六、实验报告要求

1. 画出实验电路的直流和交流等效电路，计算直流工作点，与实验实测结果比较。

2．整理实验数据，并画出幅频特性。耦合电容 C 对幅频特性，通频带的影响。从实验结果找出单调谐和双调谐回路的优缺点。

3．本放大器的动态范围是多少（放大倍数下降 1dB 的折弯点 V_0 定义为放大器动态范围），讨论 I_0 动态范围的影响。

4．记录实验故障现象。

实验二　高频丙类功率放大器

高频功率放大器是发射机的重要组成部分，其主要任务是在失真允许的范围内，以高效率输出最大的高频功率，为了提高效率，窄带高频功率放大器一般工作在丙类状态，负载为 LC 谐振回路，以便滤除谐波并实现阻抗匹配。

一、实验目的

1．通过实验，加深对于高频谐振功率放大器工作原理的理解，了解和掌握丙类谐振功率放大器的构成方法。

2．了解和掌握丙类谐振功率放大器输出功率、直流功率、效率的计算。

3．了解高频功率放大器丙类工作的物理过程以及当激励信号变化对功率放大器工作状态的影响。

4．掌握丙类放大器的调谐特性以及负载改变时的动态特性。

5．掌握丙类高频谐振功率放大器的计算与设计方法。

二、预习要求

1．复习高频谐振功率放大器的工作原理及特点。

2．熟悉并分析图 2.2.1 所示的实验电路，了解电路特点，并仿真分析。

三、实验内容

1．观察高频功率放大器丙类工作状态的现象，并分析其特点。

2．测试丙类功放的调谐特性。

3．测试丙类功放的负载特性。

4．观察激励信号变化、负载变化对工作状态的影响。

四、实验原理

1．高频谐振功率放大器的工作原理。

丙类功率放大器的电流导通角 $\theta < 90°$，效率可达到 80%，通常作为发射机末级功放以获得较大的输出功率和较高的效率。特点：非线性丙类功率放大器通常用来放大窄带高频信号（信号的通带宽度只有其中心频率的 1%或更小），基极偏置为负值，电流导通角 $\theta < 90°$，为了不失真地放大信号，它的负载必须是 LC 谐振回路。

为了获取较大功率和有较高效率，一般取 $\theta = 70° \sim 80°$ 左右。

2．基本关系式。

丙类功率放大器的基极偏置电压 V_{BE} 是利用发射极电流的直流分量 I_{EO}（$\approx I_{CO}$）在射极电阻上产生的压降来提供的，故称为自给偏压电路。当放大器的输入信号 v_i 为正弦波时，集电极的输出电流 i_C 为余弦脉冲波。利用谐振回路 LC 的选频作用可输出基波谐振电压 v_{c1}，电流 i_{c1}。丙类功率放大器的基极与集电极间的电流、电压波形关系，分析可得下列基本关系式

$$V_{c1m} = I_{c1m} R_0$$

式中，V_{clm} 为集电极输出的谐振电压及基波电压的振幅；I_{clm} 为集电极基波电流振幅；R_0 为集电极回路的谐振阻抗。

$$P_C = \frac{1}{2} V_{clm} I_{clm} = \frac{1}{2} I_{clm}^2 R_0 = \frac{1}{2} \frac{V_{clm}^2}{R_0}$$

式中，P_C 为集电极输出功率

$$P_D = V_{CC} I_{CO}$$

式中，P_D 为电源 V_{CC} 供给的直流功率；I_{CO} 为集电极电流脉冲 i_C 的直流分量。

放大器的效率 η 为

$$\eta = \frac{1}{2} \cdot \frac{V_{clm}}{V_{CC}} \cdot \frac{I_{clm}}{I_{CO}}$$

3．负载特性

当放大器的电源电压 $+V_{CC}$，基极偏压 v_b，输入电压（或称激励电压）v_{bm} 确定后，如果电流导通角选定，则放大器的工作状态只取决于集电极回路的等效负载电阻 Rp。

放大器处于临界工作状态，集电极输出的功率 P_C 和效率 η 都较高。Rp 所对应的值称为最佳负载电阻，用 R_0 表示，即

$$R_0 = \frac{(V_{CC} - V_{CES})^2}{2P_0}$$

当 $Rp < R_0$ 时，放大器处于欠压状态，集电极输出电流虽然较大，但集电极电压较小，因此输出功率和效率都较小。当 $Rp > R_0$ 时，放大器处于过压状态，集电极电压虽然比较大，但集电极电流波形有凹陷，因此输出功率较低，但效率较高。为了兼顾输出功率和效率的要求，谐振功率放大器通常选择在临界工作状态或微过压状态。

4．高频功率放大器电路分析。

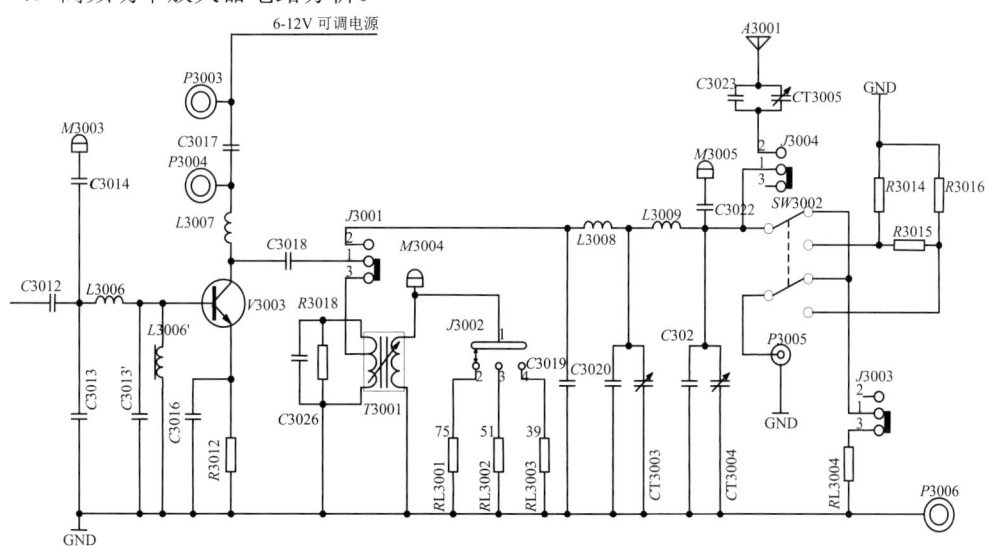

图 2.2.1 高频丙类功放电路原理图

图 2.2.1 给出了高频谐振功率放大器的原理图。本实验电路提供了两种输出方式：一种是变压器耦合输出方式，另一种为两节Π形滤波器网络。两种电路用 $J3001$ 进行切换。变压

器耦合输出方式,更适合于使用者对于高频谐振功率放大器原理的理解,可以完成负载特性、集电极调制特性等特性的实验。在Π形滤波器的输出端,连接到天线回路,可以构成无线发射机。同时,功放的输出还连接到电缆连接器（Q9 插座）,之间提供了由 $R_{3014}R_{3015}R_{3016}$ 构成的Π形衰减器,其衰减值为 60dB,使用者可根据需要,利用按键开关接通或短接衰减器。这样,就可以以有线传输的方式进行系统实验。

V_{3003} 是高频功率三极管,构成丙类谐振放大电路。$R_{3012}C_{3016}$ 等元件构成了自给负偏置电路。$R_{L3001} \sim R_{L3003}$ 为负载电阻,在负载电阻和功放电路集电极之间采用变压器电路,以完成负载和集电极之间阻抗变换。利用滑动开关 J3002 可以方便地把不同的负载电阻分别接入电路中,以完成负载特性的实验。

功放输出级电路连接了+6～+12V 可调电源,以完成集电极调制特性的实验。

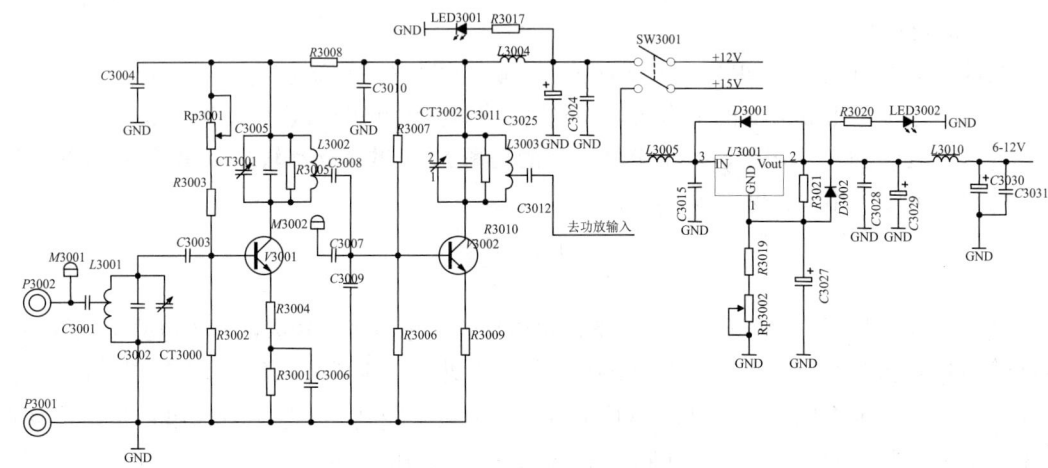

图 2.2.2　驱动电路与可调电源电路

从电路结构上可以看到,驱动级电路可认为由 2 级单调谐小信号放大器构成,其分析及设计方法与实验一相似。

五、实验仪器

1. 双踪示波器
2. 扫频仪。
3. 频谱仪。
4. 高频信号发生器。
5. 高频毫伏表。
6. 万用表。
7. TPE-TXDZ 实验箱（实验区域：C 区高频丙类功率放大器）。

六、实验步骤及测试方法

A．测试高频谐振功率放大器的激励特性：

1. 参见图 2.2.1 和图 2.2.2,按下功放电路的电源开关,测量电源电压为 12V。测试各级晶体管的工作点是否正常,注意：当没有信号输入时,功放管的基极电压是 0V。

2. 连接电路,将滑动开关 J3001 的滑块拨向下端,使 J3001 的 1-3 端相连,这样就使得功放的输出连接成变压器耦合输出方式。将滑动开关 J3002 的滑块拨向中间位置，使负载电阻 R_{L3002}（51Ω）接入电路。

3．将信号源的输出频率调整为 40.7MHz，输出信号的峰峰值调整为 200mV，通过连接电缆，将信号输出到 P3002（M3001）端（高频功放驱动级输入端）。

4．改变输入信号幅度，使 U_{bm} 由 1Vpp 开始，以 1V 为阶步进，观测 50 欧姆负载处输出信号，将示波器探头（10∶1）连接到 M3004（丙类功放输出端）观测输出波形（Uo），（若用频谱仪测量，必须断开负载电阻（51Ω））。

5．将实测数据填入表 2.2.1 中，并根据测试数据绘制出 $U_{bm}-Uo$ 特性曲线。并根据测试数据结果作出高频功放电路的激励特性结论。实验过程中，必须连接负载，且不可使功放级集电极电流过大（超过 30mA），以免使末级功放管过热损坏。

表 2.2.1 激励电压与输出电压实测数据

U_{bm}（V_{pp}）	1	2	3	4	5	6
U_O（V_{pp}）						
I_C（mA）						

测试条件：E_C=12V，f_0=40.7MHz

B．测试高频谐振功率放大器的负载特性。

1．参见图 2.2.1 和图 2.2.2，按下功放电路的电源开关，测量电源电压为 12V。测试各级晶体管的工作点是否正常，注意：当没有信号输入时，功放管的基极电压是 0V。

2．将信号源的输出频率调整为 40.7MHz，输出信号的峰峰值调整为 200～300mV，连接电路，使 J3001 的 1-3 端相连，这样就使得功放的输出连接成变压器耦合输出方式。将滑动开关 J3002 的滑块拨向中间位置，使负载电阻 51Ω 接入电路。调整信号源输出幅度，使电路处于最佳状态（即临界或微过压状态），记录此时的输出幅值（用示波器测量），集电极电流，并记录。

表 2.2.2 负载与输出电压实测数据

R_L（Ω）	实测数据			计算结果		
	I_{CO}（mA）	V_L（V）	V_{CC}（V）	P_S（mW）	P_L（mW）	η（%）
51						

C．集电极调制特性的测试。

1．参见图 2.2.1 和图 2.2.2，按下功放电路的电源开关，测量电源电压为 12V。测试各级晶体管的工作点是否正常，注意：当没有信号输入时，功放管的基极电压是 0V。

2．将信号源的输出频率调整为 40.7MHz，输出信号的峰峰值调整为 200～300mV，连接电路，将功放管的输出连接变压器耦合输出方式，使负载电阻 51Ω 接入电路。

3．调整信号源输出幅值，使功放电路调整至最佳状态，通过频谱仪观察。

4．调整可调电源的电位器，用万用表测试（黑表笔接地，红表笔接载 C3017 的上端），从 6V 变化至 12V，测试输出电压幅值的变化，并记录在表 2.2.3 中。

表 2.2.3　集电极调制特性实验记录表

V_{CC}	6	7	8	9	10	11	12
U_o（V_{pp}）							
I_C（mA）							

D．Π形滤波器网络输出形式电路的实验（选做）：

1．将滑动开关 $J3001$ 的滑块拨向上端，使 $J3001$ 的 1-2 端相连，这样就使得功放的输出连接成Π形滤波器网络的输出形式。

2．将滑动开关 $J3003$ 的滑块拨向下端，接通负载电阻（51Ω）。

3．可调电源调整为 12V 不变，将信号源的输出频率调整为 40.7MHz，输出信号的峰峰值调整为 200mV，通过连接电缆，将信号输出到 $J3001$ 端。

4．将示波器探头 2（10∶1）观测输出波形（Uo）。调整输入信号幅值，使功放电路的输出电压幅值大约在 10Vpp 左右。

5．将输入信号改为调频信号，调制信频率为 5KHz，观察输出信号，若有失真，则需减小输入信号幅值。

6．将滑动开关 $J3003$ 的滑块拨向上端，断开负载电阻（51Ω），将 50Ω同轴电缆通过连接器连接到 Q9 座上，将电缆的另一端连接到频谱分析仪上，观察信号频谱和输出功率。

7．当进行有线传输实验时，应按下 SW3002 以接入 60dB 衰减。

七、实验报告要求

1．据实验测量结果，计算各种情况下 I_0、P_0、P_i、η。

2．说明电源电压、输出电压、输出功率的相互关系。

3．对实验参数和波形进行分析，说明输入激励电压、负载电阻对工作状态的影响。

4．总结在功率放大器中对功率放大晶体管有哪些要求？

5．若谐振放大器工作在过压状态，为了使其工作在临界状态，可以改变哪些因素？

6．如何验证本电路工作于丙类？

7．纪录实验故障现象。

实验三 LC 正弦波振荡器

LC 振荡器用来将直流电源供给的能量装变成正弦交流信号,它广泛用于通信、电视、控制和测量系统中。振荡器的主要技术指标有:频率及其稳定度,幅度及其稳定度,波形失真度等,其中最重要的是频率稳定度。在高频电路中,电容三点式振荡电路用得较多,具有电路简单,频率稳定度相对较高的特点。

一、实验目的

1. 熟悉电容三点式振荡器(考毕兹电路)、改进型电容三点式振荡器(克拉泼电路及西勒电路)的电路特点、结构及工作原理。
2. 掌握振荡器静态工作点调整方法。
3. 掌握晶体管(振荡管)工作状态、反馈大小对振荡幅度与波形的影响。
4. 掌握改进型电容三点式正弦波振荡器的工作原理及振荡性能的测量方法。
5. 掌握振荡回路 Q 值对频率稳定度的影响。
6. 比较不同 LC 振荡器和晶体振荡器频率稳定度,加深振荡器频率稳定度的理解。

二、预习要求

1. 复习 LC 振荡器的工作原理。
2. 分析图 2.3.3 电路的工作原理及各元件的作用。

仿真要求:

1. 按图 2.3.3 构建仿真电路,实现各种结构的振荡器。
2. 以克拉泼电路振荡器为原型,改变振荡回路参数测量振荡器输出。
3. 改变反馈系数,观测振荡器输出。
4. 改变负载电阻,观测振荡器输出。
5. 试构建西勒电路,完成 3~4 内容。

三、实验内容

1. 分析电路结构,正确连接电路,使电路分别构成三种不同的振荡电路。
2. 研究反馈大小及工作点对振荡器电路振荡频率、幅度及波形的影响。
3. 研究振荡回路 Q 值变化对频率稳定度的影响。
4. 研究克拉泼电路中电容 C_{1003-1}、C_{1003-2}、C_{1003-3} 对振荡频率及幅度的影响。
5. 研究西勒电路中电容 C_{1004} 对振荡频率及幅度的影响。

四、实验原理

1. 实验原理。

振荡器是一种在没有外来信号的作用下,能自动地将直流电源的能量转换为一定波形的交变振荡能量的装置。根据振荡器的特性,可将振荡器分为反馈式振荡器和负阻式振荡器两大类,LC 振荡器属于反馈式振荡器。

正弦波振荡器是指振荡波形接近理想正弦波的振荡器,这是应用得非常广泛的一类电路，产生正弦信号的振荡电路形式很多，但归纳起来，不外是 RC、LC 和晶体振荡器三种形式。在本实验中，我们研究的主要是 LC 三点式振荡器。LC 三点式振荡器的基本电路如图 2.3.1 所示：

根据相位平衡条件，图中构成振荡电路的三个电抗中间，X_1、X_2 必须为同性质的电抗，X_3 必须为异性质的电抗，且它们之间应满足下列关系式

$$X_3 = -(X_1 + X_2)$$

这就是 LC 三点式振荡器相位平衡条件的判断准则。

若 X_1 和 X_2 均为容抗，X_3 为感抗，则为电容三点式振荡电路；若 X_1 和 X_2 均为感抗，X_3 为容抗，则为电感三点式振荡器。

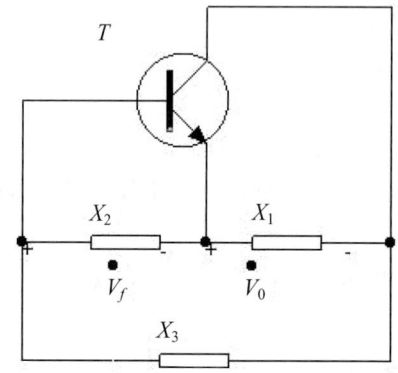

图 2.3.1　三点式振荡器的交流等效电路

① 振荡管工作状态对振荡器性能的影响。

对于一个振荡器，当其负载阻抗及反馈系数 F 已经确定的情况，静态工作点的位置对振荡器的起振以及稳定平衡状态（振幅大小，波形好坏）有着直接的影响，如图 2.3.2（a）和图 2.3.2（b）所示。

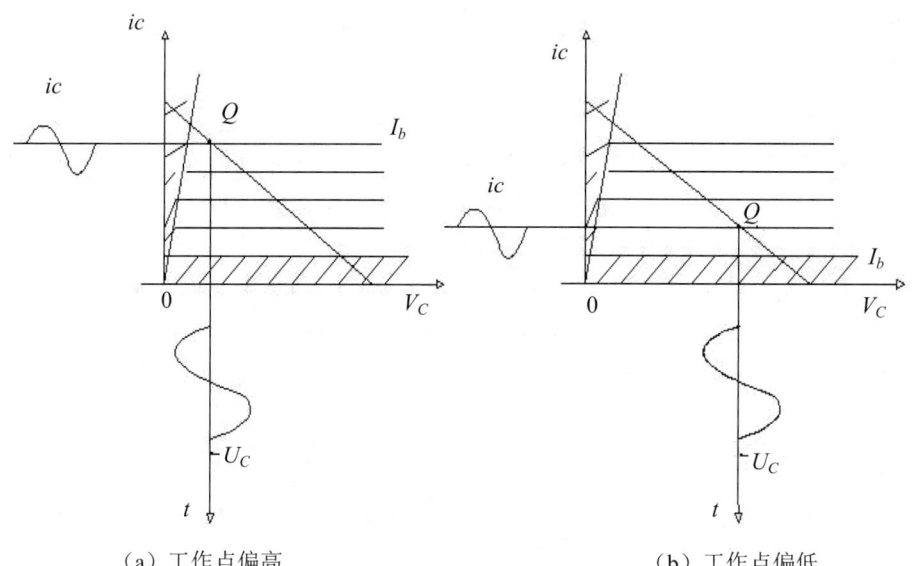

（a）工作点偏高　　　　　　　　　　（b）工作点偏低

图 2.3.2　振荡管工作态对性能的影响

图 2.3.2（a）工作点偏高，振荡管工作范围易进入饱和区，输出阻抗的降低将会使振荡波形严重失真，严重时甚至使振荡器停振。

图 2.3.2（b）中工作点偏低，避免了晶体管工作范围进入饱和区，对于小功率振荡器，一般都取在靠近截止区，但是不能取得太低，否则不易起振。

一个实际的振荡电路，在 F 确定之后，其振幅的增加主要是靠提高振荡管的静态电流值。在实际中，我们将会看到输出幅度随着静态电流值的增加而增大。但是如静态电流取得太大，不仅会出现图 2.3.2（a）所示的现象，而且由于晶体管的输入电阻变小同样会使振荡幅度变小。所以在实用中，静态电流值一般取 $ICO = 0.5\sim5\text{mA}$。

为了使小功率振荡器的效率高，振幅稳定性好，一般都采用自给偏压电路，一般振荡器工作点都选得很低，故起始自偏压也较小，这时起始偏压 $VBEQ$ 为正偏置，因而易于起振。

②振荡器的频率稳定度。

频率稳定度是振荡器的一项十分重要的技术指标，这表示在一定的时间范围内或一定的温度、湿度、电源、电压等变化范围内振荡频率的相对变化程度，振荡频率的相对变化量越小，则表明振荡器的频率稳定度越高。

③电路特点。

图 2.3.3 为实验电路，$V1001$ 及周边元件构成了电容反馈振荡电路及石英晶体振荡电路。$V1002$ 构成射极输出器。$S1001$、$S1002$、$S1003$、$J1001$ 分别连接在不同位置时，就可分别构成考毕兹、克拉泼和西勒三种不同的 LC 振荡器以及石英晶体振荡器。

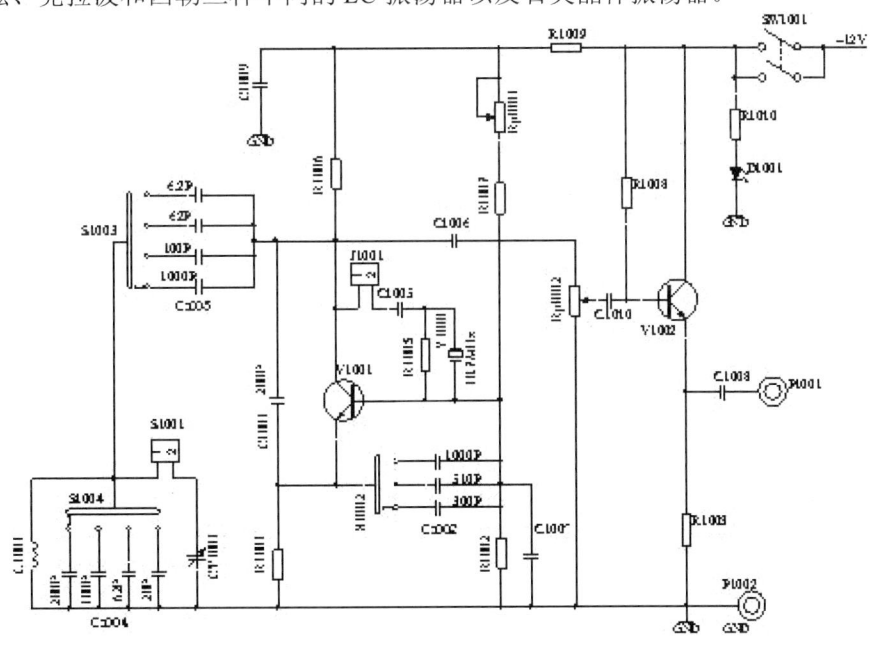

图 2.3.3　LC 振荡器原理图

⑤思路提示。

图 2.3.4 给出了几种振荡电路的交流等效电路图。

图 2.3.4（a）是考毕兹电路，是电容三点式振荡电路的基本形式，可以看出晶体管的输

出、输入电容分别与回路电容 C_1、C_2 相并联（为叙述方便，图中 C1001、C1002 等均以 C_1、C_2 表示，其余类推），当工作环境改变时，就会影响振荡频率及其稳定性。加大 C_1、C_2 的容值可以减弱由于 C_o、C_i 的变化对振荡频率的影响，但在频率较高时，过分增加 C_1、C_2，必然减小 L 的值（以维持震荡频率不变），从而导致回路 Q 值下降，振荡幅度下降，甚至停振。

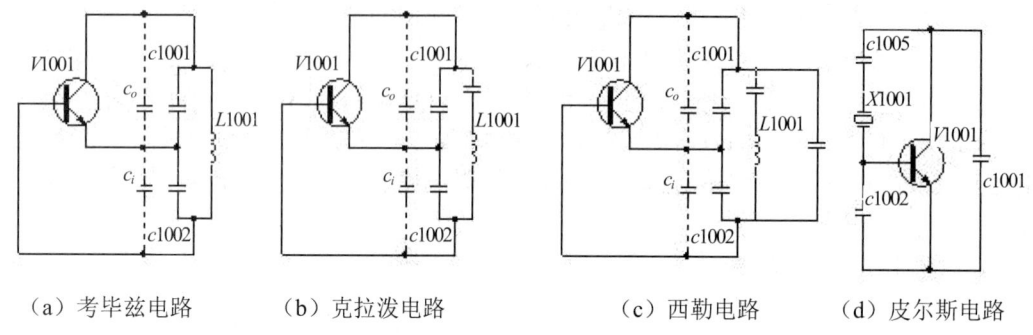

（a）考毕兹电路　　（b）克拉泼电路　　（c）西勒电路　　（d）皮尔斯电路

图 2.3.4　几种振荡电路计入 C_o、C_i 时的交流等效电路

图 2.3.4（b）为克拉泼电路，回路电容 $1/C_\Sigma=1/C_3+1/(C_2+C_i)+1/(C_1+C_o)$，因 $C_3 \ll C_1$、$C_3 \ll C_2$，$1/C_\Sigma \approx 1/C_3$，即 $C_\Sigma \approx C_3$，故：$f_0 = \dfrac{1}{2\pi\sqrt{LC_\Sigma}} \approx \dfrac{1}{2\pi\sqrt{LC_3}}$ 回路电容主要取决于 C_3，从而使晶体管极间电容的影响降低。但应注意的是：C_3 改变，接入系数改变，等效到输出端的负载电阻 R_L 也将随之改变，放大器的增益也会将发生改变，即 $C_3 \downarrow \rightarrow R_L \downarrow \rightarrow$ 增益 $\downarrow$，有可能因环路增益不足而停振。

图 2.3.4（c）为西勒电路，同样有 $C_3 \ll C_1$、$C_3 \ll C_2$，故 $C_\Sigma \approx C_3+C_4$，振荡频率为

$$f_0 = \frac{1}{2\pi\sqrt{LC_\Sigma}} \approx \frac{1}{2\pi\sqrt{L(C_3+C_4)}}$$

而接入系数为

$$p = \frac{\dfrac{1}{j\omega C_1}}{\dfrac{1}{j\omega C_1}+\dfrac{1}{j\omega C_2}+\dfrac{1}{j\omega C_3}} \approx \frac{C_3}{C_1}$$

由于 C_4 的接入并不影响接入系数，故对增益影响较小，这样不仅使电路的频率稳定性提高了，而且使得频率覆盖范围扩大。

图 2.3.4（d）所示的是并联晶体振荡器（皮尔斯电路），该电路的振荡频率近似为晶体的标称频率，C_5 可以减小晶体管与晶体之间的耦合作用。

五、实验仪器

1．双踪示波器。

2．扫频仪。

3．频谱仪。

4．高频信号发生器。

5．高频毫伏表。

6．万用表。

7．TPE-TXDZ 实验箱（I 实验区域：*LC* 与晶体振荡器）。

六、实验步骤及测试方法

分析电路结构，参考图 2.3.4 交流等效电路正确连接电路。

1．考毕兹电路

①利用跳线端子和拨码开关将实验电路连接成考毕兹电路（参考图 2-3-4（a），$C1001(C1)=200p$，$C1007=10np$ 其余参数选择如下设置。

S1000	开路
S1001	开路
S1002	按需要接入 $C1002$（C_2）的值
S1003	按需要接入 $C1003$（C_3）的值
S1004	开路

②研究静态工作点对考毕兹电路振荡频率、幅度及波形的影响（测试条件：$C1003$（C_3）=1000p，通过调整 $Rp1001$ 改变三极管静态工作点，调整 $Rp1002$ 是输出为大小合适）。

表 2.3.1

	V_{eq}（v）	0.5	1.0	1.5	2.0	2.5
V_o（Vpp）	$C1002=300p$					
	$C1002=510p$					
	$C1002=1000p$					
f_0（Mhz）	$C1002=300p$					
	$C1002=510p$					
	$C1002=1000p$					

注意：由于实验中研究各种情况下（不同参数）振荡器，因此可能导致部分情况无振荡输出。

③设置合适的静态工作点（射级电压约为 1～2V），研究反馈大小对考毕兹电路振荡频率、幅度、波形及频率稳定度（注意观察频率后几位数的跳动情况）的影响。

表 2.3.2

$C1002$	300p	510p	1000p
$C1003$	1000p	1000p	1000p
f_0（MHz）			
V_0（Vpp）			
稳定性（好、差）			

2．克拉泼电路。

①利用跳线端子和拨码开关将实验电路连接成克拉泼电路（参考图 2-3-4（b））

S1000	开路

$S1001$	开路
$S1002$	按需要接入 $C1002$ 的值
$S1003$	按需要接入 $C1003$ 的值
$S1004$	开路

②研究静态工作点对克拉泼电路振荡频率、幅度及波形的影响（测试条件：$C1002$（$C2$）=1000p，通过调整 $Rp1001$ 改变三极管静态工作点，调整 $Rp1002$ 是输出为大小合适））。

表 2.3.3

	V_{eq}（v）	0.5	1.0	1.5	2.0	2.5
V_o（Vpp）	$C1003$=6.2p					
	$C1003$=62p					
	$C1003$=100p					
	$C1003$=1000p					
f_0（MHz）	$C1003$=6.2p					
	$C1003$=62p					
	$C1003$=100p					
	$C1003$=1000p					

注意：由于实验中研究各种情况下（不同参数）振荡器，因此可能导致部分情况无振荡输出。

③设置合适的静态工作点（射级电压约为 1~2V），研究 $C1003$ 和反馈大小对克拉泼电路振荡频率、幅度，波形及频率的稳定度（注意观察频率后几位数的跳动情况）的影响。

表 2.3.4

$C1002$	300p			510p			1000p		
$C1003$	62p	100p	1000p	62p	100p	1000p	62p	100p	1000p
f_0（MHz）									
V_0（Vpp）									
稳定性（好、差）									

3．西勒电路。

①利用跳线端子和拨码开关将实验电路连接成西勒电路（参考图 2-3-4（c））

$S1000$	开路
$S1001$	开路
$S1002$	接入 $C1002$=1000pf
$S1003$	接入 $C1003$=62pf
$S1004$	按需要接入 $C1004$ 的值

②研究静态工作点对西勒电路振荡频率、幅度及波形的影响（测试条件：$C1001$（C_1）=200p，$C1002$（C_2）=1000p，$C1003$=62pf）。

表 2.3.5

V_{eq}(v)		0.5	1.0	1.5	2.0	2.5
V_o(Vpp)	C1004=20p					
	C1004=62p					
	C1004=100p					
	C1004=200p					
f_0(MHz)	C1004=20p					
	C1004=62p					
	C1004=100p					
	C1004=200p					

注意：由于实验中研究各种情况下（不同参数）振荡器，因此可能导致部分情况无振荡输出。

③设置合适的静态工作点（射级电压约为1～2V），研究C1004和反馈大小对西勒电路振荡频率、幅度、波形及频率稳定度的影响（测试条件：C1001=200pf，C1003=62pf。）

表 2.3.6

C1004	20p			62p	100p	200p
C1002	300p	510p	1000p			
f_0(MHz)						
V_0(Vpp)						
稳定性（好、差）						

七、实验报告要求

1. 画出实验电路的直流与交流等效电路。
2. 整理各步骤的实验数据，并与理论值相比较，分析误差可能的原因。
3. 分析静态工作点、反馈系数 F 对振荡器起振条件和输出波形振幅的影响，并用所学理论加以分析。
4. 比较上述三种振荡电路的特点，并分析原因。

实验四 石英晶体振荡器

一、实验目的
1. 了解晶体振荡器的工作原理及特点。
2. 掌握晶体振荡器的设计方法及参数计算方法。
3. 比较 LC 振荡器和晶体振荡器的频率稳定度。

二、预习要求
1. 查阅晶体振荡器的有关资料。阐明为什么用石英晶体作为振荡回路元件就能使振荡器的频率稳定度大大提高。
2. 试画出并联谐振型晶体振荡器和串联谐振型晶体振荡器的实际电路，并阐述两者在电路结构及应用方面的区别。

三、实验内容
1. 分析电路结构，正确连接电路，使电路分别串联型和并联型振荡电路。
2. 研究反馈大小及工作点对振荡器电路振荡频率、幅度、波形及频率稳定度的影响。

四、实验原理及电路简介

由于石英晶体具有正、反压电效应，因此可以做成谐振器使用。与一般谐振回路相比，石英晶体谐振器有以下特点：回路的标准性高，受外界影响小；接入系数 $p = \dfrac{C_q}{C_0} << 1$，$Q = \dfrac{\omega L_q}{r_q} >> 1$。故而石英晶体谐振器的频率稳定度较高，可达 10^{-4} 量级以上。

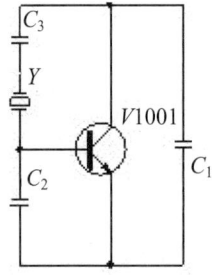 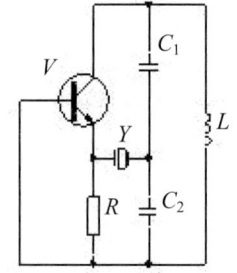

（a）并联晶体振荡器交流等效电路　　　　（b）串联晶体振荡器交流等效电路

图 2.4.1　石英晶体振荡器等效电路

晶体振荡器可以分为两大类：并联型晶体振荡器和串联型晶体振荡器。在并联型晶体振荡器中，晶体起等效电感的作用；在串联型晶体振荡器中，晶体起选频短路线的作用。

1. 并联型晶体振荡器。

图 2.4.1（a）所示为并联型晶体振荡器（皮尔斯振荡器）的交流等效电路图，当振荡频率在晶体的串联谐振频率与并联谐振频率之间时晶体呈感性，满足三点式振荡器的组成原则，故可以振荡。其振荡频率近似为晶体的标称频率，电路中与晶体串联的小电容可减小

晶体管与晶体之间的耦合作用，同时，调整该电容可以微调振荡频率。

2．串联型晶体振荡器。

图 2.4.1（b）所示为串联型晶体振荡器的交流等效电路图，晶体串联在反馈之路中，当谐振频率等于晶体的振荡频率时，晶体相当于短路，从而构成反馈式振荡器电路。

3．实际电路简介。

实际电路图见实验三中的图 2.3.3，利用跳线端子 J1001 可以方便的切换为皮尔斯电路。

五、实验仪器

1．双踪示波器。
2．扫频仪。
3．频谱仪。
4．高频信号发生器。
5．高频毫伏表。
6．万用表。
7．TPE-TXDZ 实验箱（I 实验区域：LC 与晶体振荡器）。

六、实验步骤及测试方法

1．短接跳线端子 S1000，S1001、S1003 和 S1004 开路，S1002 作适当连接。
2．调整 Rp1001 和 Rp1002，使输出幅度最大且失真最小。
3．比较 S1002 在三种不同位置时的波形与幅值。
4．测量频率稳定度：

将 S1002 置于 S1002-2 的位置，使 C1002-2（510pf）接入电路，电源接通 5 分钟后在 P1001 处用示波器测试频率，以后每隔 5 分钟测量一次，共测 7 次，记录测试数据。计算相对频率稳定度

$$\frac{\Delta f_0}{f_0} = \frac{f_0 - f}{f_0}$$

式中，f_0 是标准频率（10.7MHz），f 是实际测试频率，将实验结果与 LC 振荡器相比较。（注：相关实验表格构建参考实验三）

七、实验报告要求

1．整理实验数据。
2．根据图 2.4.1（b）所示的串联型晶体振荡器交流等效电路，绘出实际完整电路图。

实验五 模拟乘法器应用

集成模拟乘法器是实现两个模拟信号相乘的器件，是一种通用性很强的非线性器件。广泛用于振幅调制、解调和混频电路，MC1496/1596 微常用的双差分对弹片集成模拟乘法器。

一、实验目的

1. 了解全载波调幅原理和抑制载波双边带调幅原理。
2. 了解模拟乘法器 MC1496 的工作原理及设计方法。
3. 了解和掌握用模拟乘法器 MC1496 构成调幅电路的方法。
4. 掌握频谱仪的使用方法频谱仪观察调幅波的谱线结构。
5. 掌握用模拟乘法器 MC1496 构成同步检波电路的方法。
6. 将幅度调制和解调实验进行联合调试验，进一步了解振幅调制和解调全过程及整机调试方法。

二、预习要求

1. 复习幅度调制器有关知识和模拟乘法器 MC1496 的工作原理及特点。
2. 认真阅读实验指导书，熟悉并分析图 2.5.4 所示的实验电路，了解电路特点，了解实验原理及内容，分析实验电路中用 1496 乘法器调制的工作原理，并分析计算各引出脚的直流电压。
3. 分析全载波调幅及抑制载波调幅信号特点，并画出其频谱图。

仿真要求：

1. Multisim10 中构建电路（仿真参考电路图见高电实验预习指南）。
2. 观测 AM 信号和 DSB 信号的波形及频谱结构。
3. 改变调制信号和载波信号的幅度，观测波形及频谱变化。
4. 改变引脚 5 对地连接电阻，观察输出信号变化，简略说明现象及原因。
5. 改变负反馈电阻 R23 大小，观测输出信号变化，简略说明现象及原因。

三、实验内容

1. 实现全载波调幅，改变载波及调制信号，观测波形及频谱变化并计算调制度。
2. 实现抑止载波的双边带调幅波，改变载波及调制信号，观测波形及频谱变化。
3. 实现同步检波解调 AM 信号及 DSB 信号。
4. 实现二极管包络检波 AM 信号。

四、实验原理

幅度调制就是载波的振幅（包络）随调制信号的参数变化而变化。本实验中载波是由高频信号源产生的 10.7MHz 高频信号，5KHz 的低频信号为调制信号。振幅调制器即为产生调幅信号的装置。

1. 集成模拟乘法器的内部结构。

集成模拟乘法器是完成两个模拟量（电压或电流）相乘的电子器件。在高频电子线路中，振幅调制、同步检波、混频、倍频、鉴频、鉴相等调制与解调的过程，均可视为两个信号相乘或包含相乘的过程。采用集成模拟乘法器实现上述功能比采用分离器件如二极管和三极管要简单得多，而且性能优越。所以目前无线通信、广播电视等方面应用得较多。集成模拟乘法器常见产品有 BG314、F1595、F1596、MC1495、MC1496、LM1595、LM1596 等。

1）MC1496 的内部结构

在本实验中采用集成模拟乘法器 MC1496 来完成调幅作用。MC1496 是四象限模拟乘法器，其内部电路图和引脚图如图 2.5.1 所示。其中 V_1、V_2 与 V_3、V_4 组成双差分放大器，以反极性方式相连接，而且两组差分对的恒流源 V_5 与 V_6 又组成一对差分电路，因此恒流源的控制电压可正可负，以此实现了四象限工作。V_7、V_8 为差分放大器 V_5 与 V_6 的恒流源。

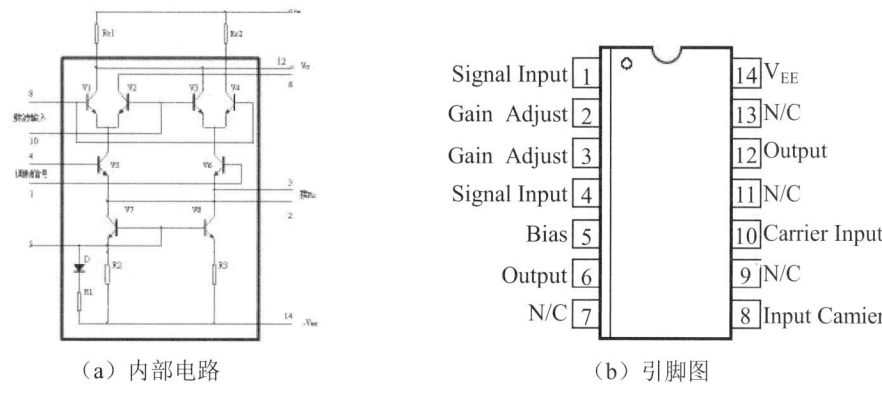

（a）内部电路　　　　　（b）引脚图

图 2.5.1　MC1496 的内部电路及引脚图

2）静态工作点的设定

①静态偏置电压的设置

静态偏置电压的设置应保证各个晶体管工作在放大状态，即晶体管的集-基极间的电压应大于或等于 2V，小于或等于最大允许工作电压。根据 MC1496 的特性参数，对于图 2.5.1 所示的内部电路，应用时，静态偏置电压（输入电压为 0 时）应满足下列关系，即

$$v_8 = v_{10},\ v_1 = v_4,\ v_6 = v_{12}$$

$$15V \geqslant v_6(v_{12}) - v_8(v_{10}) \geqslant 2V$$

$$15V \geqslant v_8(v_{10}) - v_1(v_4) \geqslant 2V$$

$$15V \geqslant v_1(v_4) - v_5 \geqslant 2V$$

②静态偏置电流的确定

静态偏置电流主要由恒流源 I_0 的值来确定。

当器件为单电源工作时，引脚 I_4 接地，5 脚通过一电阻 V_R 接正电源+V_{CC} 由于 I_0 是 I_5 的镜像电流，所以改变 V_R 可以调节 I_0 的大小，即

$$I_0 \approx I_5 = \frac{V_{CC} - 0.7\text{V}}{V_R + 500}$$

当器件为双电源工作时，引脚 I_4 接负电源-V_{ee}，5 脚通过一电阻 V_R 接地，所以改变 V_R 可以调节 I_0 的大小，即

$$I_0 \approx I_5 = \frac{V_{ee} - 0.7\text{V}}{V_R + 500}$$

根据 MC1496 的性能参数，器件的静态电流应小于 4mA，一般取 $I_0 \approx I_5 = 1\text{mA}$。在本实验电路中 V_R 用 6.8K 的电阻 R_{15} 代替。

2．MC1496 构成的调幅器

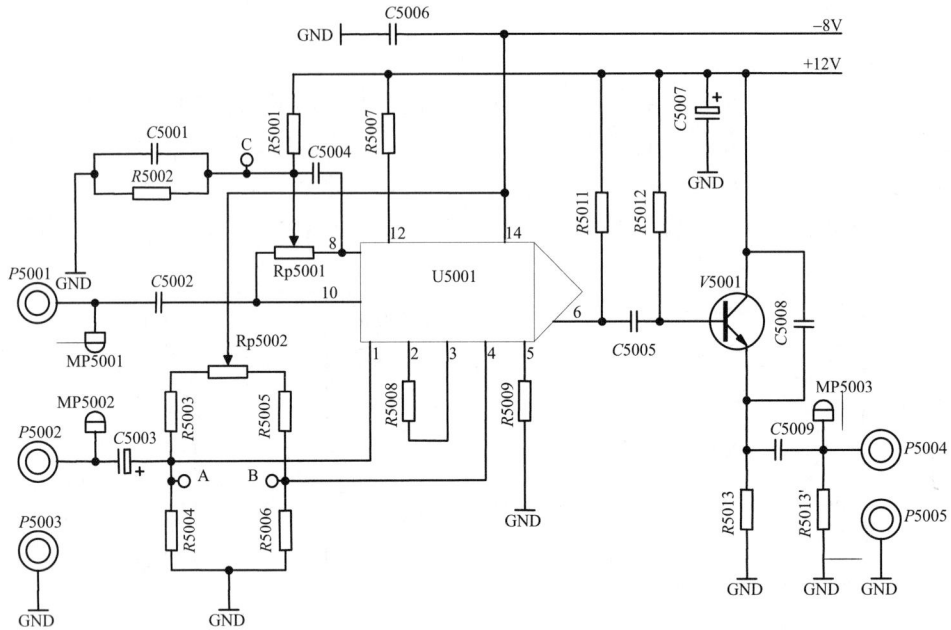

图 2.5.2　MC1496 构成的调幅器

3．调幅波信号的调解．

调幅波的解调即是从调幅信号中取出调制信号的过程，通常称之为检波。调幅波解调方法有二极管包络检波器，同步检波器。

①同步检波器

利用一个和调幅信号的载波同频同相的载波信号与调幅波相乘，再通过低通滤波器除高频分量而获得调制信号。如图 2.5.3 所示，采用 1496 集成电路构成解调器，载波信号 V_C 经过电容 C5010 加在⑧、⑩脚之间，调幅信号 V_{AM} 经电容 C5011 加在①、④脚之间，相乘后信号由（12）脚输出，经 C5013、C5014、R5020 组成的低通滤波器，在解调输出端，提取调制信号。

②二极管包络检波器（大信号）

二极管包络检波器适合于解调含有较大载波分量的大信号的检波过程，它具有电路简单，易于实现，当输入信号较大（大于 0.5V）时，利用二极管单向导电特性对振幅调制信号的解调，称为大信号检波。

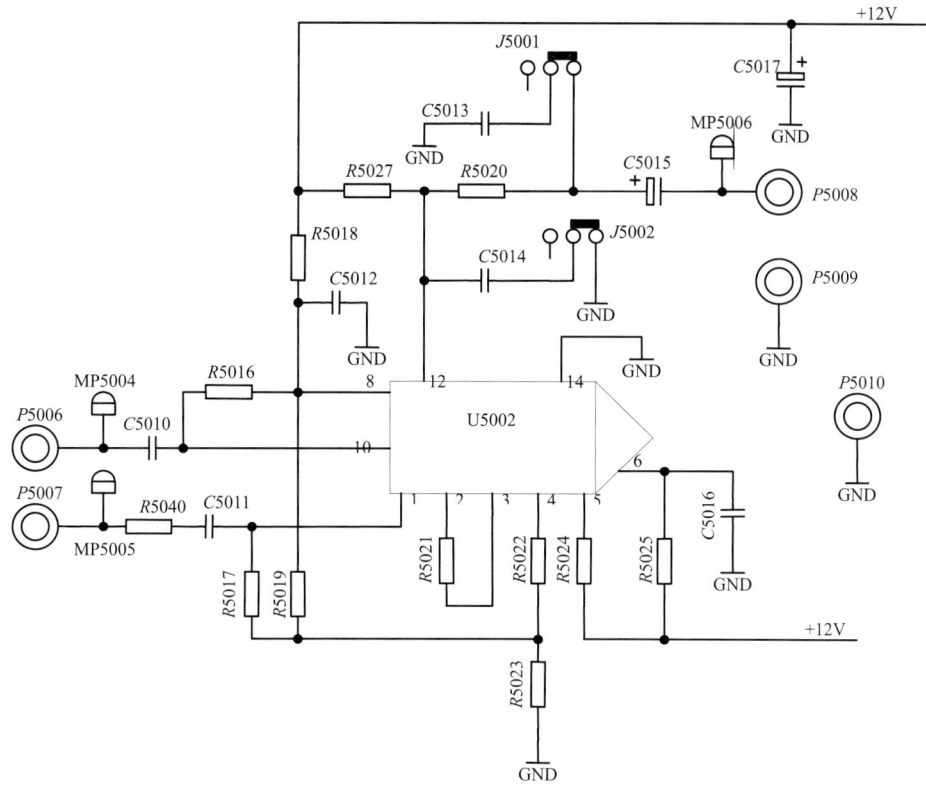

图 2.5.3 MC1496 构成的解调器

大信号检波又称峰值包络检波。理想情况下，峰值包络检波器的输出波形应与调幅波包络线的形状完全相同。但实际上两者之间总会有一些差距，即检波器输波形有某些失真。本实验可以观察到该检波器的两种特有失真：即惰性失真和负峰切割失真。

本实验电路如图 2.5.4 所示，主要由二极管 D5006 及 RC 低通滤波器组成，它利用二极管的单向导电特性和检波负载 RC 的充放电过程实现检波。所以 RC 时间常数选择很重要，RC 时间常数过大，则会产生对角切割失真。RC 时间常数太小，高频分量会滤不干净。

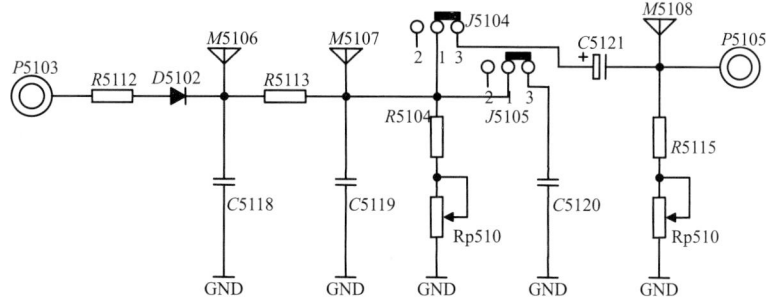

图 2.5.4 二极管包络检波器

五、实验仪器

1. 双踪示波器。
2. 扫频仪。

3．频谱仪
4．高频信号发生器。
5．高频毫伏表。
6．万用表。
7．TPE-TXDZ 实验箱（E 实验区域：乘法器调幅电路）。

六、实验步骤及测试方法

（一）集成电路（乘法器）构成调制器

1．直流调制特性的测量

（1）载波输入端平衡调节：在调制信号输入端 P5002 加入峰值为 100mv，频率为 5KHz 的正弦信号，调节 Rp5001 电位器使输出端信号最小，然后去掉输入信号。

（2）在载波输入端 P5001 加峰值为 30mV，频率为 10.7MHz 的正弦信号，用万用表测量 A、B 之间的电压 V_{AB}，用示波器观察输出端的波形，以 V_{AB}=0.1V 为步长，记录 R_P5002 由一端调至另一端的输出波形及其峰值电压，注意观察相位变化，根据公式 $V_O=KV_{AB}V_C(t)$ 计算出系数 K 值。并填入表 2.5.1。

表 2.5.1

V_{AB}								
$V_{O\,(P-P)}$								
K								

2．实现全载波调幅

①调节 R_P5002 使 V_{AB}=0.1V，载波信号仍为 $V_C(t)=30\sin2\pi\times10.7\times10^6t(mV)$，将低频信号 $V_S(t)=V_S\sin2\pi\times10^4t(mV)$ 加至调制器输入端 P5002，画出 V_S=30mV 和 100mV 时的调幅波形（标明峰一峰值）并测出其调制度 m。并测量调幅波形的频谱结构。

②载波信号 $V_C(t)$ 不变，将调制信号改为 $V_S(t)=100\sin2\pi\times10^4t(mV)$ 调节 R_P5002 观察输出波形 $V_{AM}(t)$ 的变化情况及频谱结构变化，微调输入信号使调制度 m=30%，m=50%，m=100% 和 m>100%，测量调幅波波形（标明峰一峰值）和频谱结构。

③增加载波信号幅度且 m<100%，当出现载波失真时，观测已调波形（标明峰一峰值）及频谱结构。

④载波信号 $V_C(t)$ 不变，将调制信号改为方波，幅值为 100mV，观察记录 V_{AB}=0V、0.1V、0.15V 时的已调波波形（标明峰一峰值）及频谱结构。

3．实现抑制载波调幅

①在载波信号输入端 P5001 加 $V_C(t)=30\sin2\pi\times10^5t(mV)$ 信号，调制信号端 P5001 不加信号，调 R_P5002 使调制端平衡，使输出端信号最小。

②载波输入端不变，调制信号输入端 P5001 加 $V_S(t)=100\sin2\pi\times10^3t(mV)$ 信号，观察记录波形（标明峰一峰值）及频谱结构。

③加大示波器扫描速率，观察记录已调波在零点附近波形，比较它与 m=100%时 AM 信号的区别。

（二）集成电路（乘法器）构成解调器（选作）

实验电路如图 2.5.3 所示。

1．解调全载波信号。

按调幅实验中实验内容的条件获得调制度分别为 30%，100%及大于 100%的调幅波。将它们依次加至同步检波器 V_{AM} 的输入端，并在解调器的载波输入端加上与调幅信号相同的载波信号，分别记录解调输出波形，并与调制信号相比。

2．解调抑制载波的双边带调幅信号。

按调幅实验中实验内容获得抑制载波调幅波，并加至图 2.5.3 的 V_{AM} 输入端，观察记录解调输出波形，并与调制信号相比较。

（三）二极管包络检波器

（1）按调幅实验中实验内容的条件获得 AM 调幅波信号，并加至图 2.5.4 的输入端，分别短接 J5104、J5105，观察记录解调输出波形，并与调制信号相比较。

（2）断开 J5104、J5105，观察记录输出波形。

七、实验报告要求

1．整理实验数据，画出直流调制特性曲线。

2．画出调幅实验中 m=30%、m=100%、m＞100%的调幅波形，在图上标明峰峰值电压。

3．画出当改变 V_{AB} 时能得到几种调幅波形，分析其原因。

4．画出 100%调幅波形及抑制载波双边带调幅波形，比较二者的区别。

5．分析 MC1496 内部三极管工作于小信号放大状态的原因；分析静态电流过大或过小时对由 MC1496 构成调幅电路的影响；分析负反馈电阻过大或过小时对 MC1496 构成调幅电路的影响。

6．通过一系列两种检波器实验，将下列内容整理在表内，并说明两种检波结果的异同原因。

输入的调幅波	m＜30%	m=100%	抑制载波调幅波
二极管包络检波器输出			
同步检波输出			

7．画出二极管包络检波器检波输出波形，并进行比较，分析原因。

实验六 变容二极管调频振荡器及相位鉴频

一、实验目的

1. 了解变容二极管调频器电路原理及相位鉴频电路的基本工作原理。
2. 了解调频器调制特性及测量方法，了解鉴频特性曲线（S 曲线）的正确调整方法。
3. 观察寄生调幅现象，了解其产生原因及消除方法。
4. 观测调频波频谱。
5. 将变容二极管调频器与相位鉴频器两实验进行联合试验，进一步了解调频和解调全过程及整机调试方法。

二、预习要求

1. 复习变容二极管的非线性特性及变容二极管调频振荡器调制特性；认真阅读实验内容，预习有关相位鉴频的工作原理以及典型电路和实用电路，分析初级回路、次级回路和耦合回路有关参数对鉴频器工作特性（S 曲线）的影响
2. 复习角度调制的原理和变容二极管调频电路有关资料。
3. 分析图 2.6.3 和图 2.6.4 电路的工作原理及各元件的作用。

三、实验内容

1. 静态调制特性测量。
2. 调频波频谱观测。
3. 动态特性测试。
4. 逐点法测试相位鉴频特性。
5. 变容二极管调频器与相位鉴频器联调。

四、实验原理及电路说明

所谓调频，就是把要传送的信息（例如，语言、音乐）作为调制信号去控制载波（高频振荡信号）的瞬时频率，使其按调制信号的规律变化。

图 2.6.1 是本实验电路主振级交流电路，图中 $V4001$、$C4011$、$C4008$、$C4006$、$C4007$、$D4001$ 以及电感 $L4002$ 构成了调频器的主振级，电路采用了西勒电容三点式振荡形式。变容二极管的结电容以部分接入的形式纳入在回路中。

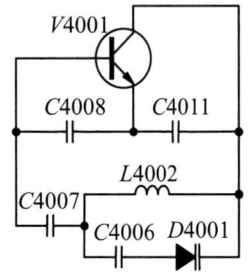

图 2.6.1 主振级交流等效电路

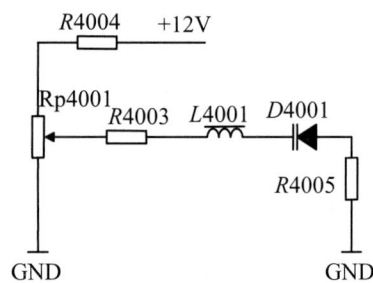

图 2.6.2 变容二极管直流偏置电路

回路总电容为 $C_\Sigma = \dfrac{1}{\dfrac{1}{C_7}+\dfrac{1}{C_8}+\dfrac{1}{C_{11}}} + \dfrac{1}{\dfrac{1}{C_6}+\dfrac{1}{C_j}} = C + \dfrac{C_6 C_j}{C_6 + C_j}$

C 为 C_{4007}、C_{4008}、C_{4011} 的串联等效电容（式中，缩写为 C_7、C_8、C_{11} 等）

回路振荡频率：$f = \dfrac{1}{2\pi\sqrt{LC_\Sigma}} = \dfrac{1}{2\pi\sqrt{L(C + \dfrac{C_6 C_j}{C_6 + C_j})}}$

当回路电容有微量变化时，振荡频率的变化由下式决定

$$\dfrac{\Delta f}{f_0} = -\dfrac{1}{2}\dfrac{\Delta C_\Sigma}{C_\Sigma}$$

无调制时　　　　　　　　　$C_\Sigma = C + \dfrac{C_6 C_{j0}}{C_6 + C_{j0}}$

有调制时回路电容为 C'_Σ　　$C'_\Sigma = C + \dfrac{C_6 C_j}{C_6 + C_j}$

变容二极管结电容接入系数为　$P_c = \dfrac{C_6}{C_6 + C_{j0}}$

变容二极管的直流偏置电路，如图 2.6.2 所示。

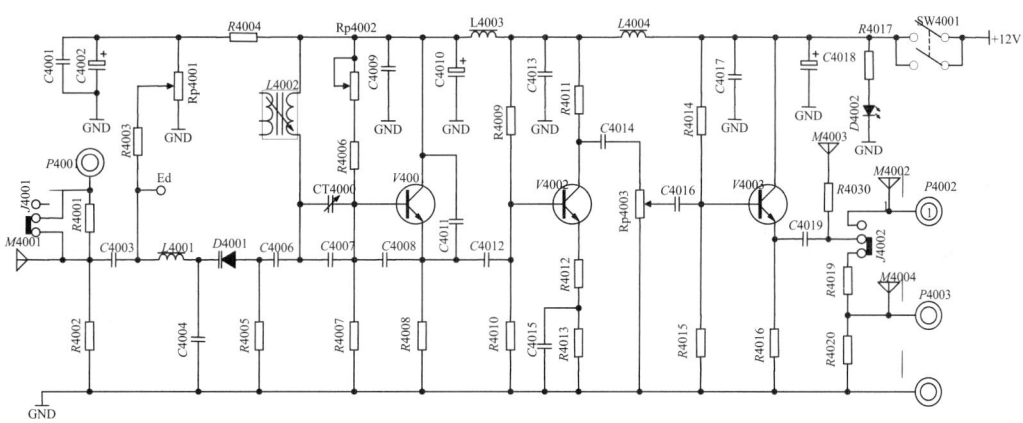

图 2.6.3　变容管调频器实验电路

3．电容耦合双调谐相位鉴频器原理。

图 2.6.4 是相位鉴频器的原理图。

相位鉴频器实验电路简介：

本电路中，两个谐振回路的谐振电容和两回路间的耦合电容分别由两组电容构成，一组设置在电路板的正面，另一组则设置在电路板的背面。正面一组电容（$CT8001$、$CT8002$ 和 $CT8003$）提供给实验者调整电路使用，而背面的一组（$CT8001'$、$CT8002'$ 和 $CT8003'$）提供给实验者参考。两组电容的切换由三个拨动开关 $J8001$、$J8002$ 和 $J8003$ 作适当连接完成。

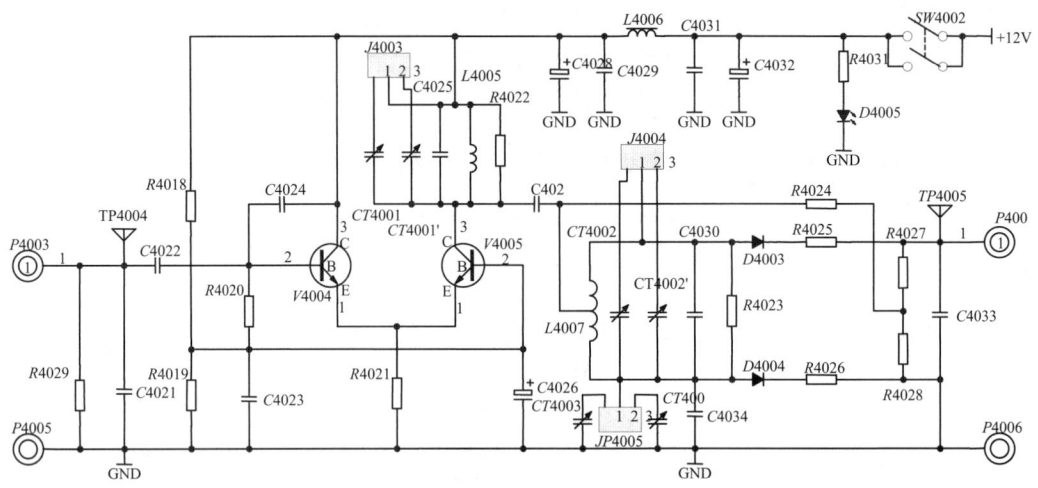

图 2.6.4 电容耦合双调谐相位鉴频器原理图

五、实验仪器

1．双踪示波器。

2．扫频仪。

3．频谱仪。

4．高频信号发生器。

5．高频毫伏表。

6．万用表。

7．TPE-TXDZ 实验箱（F、G 实验区域和：变容管调频器，相位鉴频器）。

六、实验步骤及测试方法：

1．调频振荡器实验。

1）将滑动开关 J4002 拨向上端，将示波器探头接在电路输出端（M4002）以观察波形。

2）输入端不接音频信号，J4002 连接上两端，调整电位器 R_P4001，使 Ed=4V。调整电位器 R_P4003，使输出波形幅值最大。调整电位器 R_P4002 使输出幅度大约为 $1.5V_{P-P}$，频率 f=10.7MHz，若频率偏离较远，可微调中周电感 $L4002$ 或者可变电容 $CT4000$（此后不要再调整）。

3）静态调制特性测量：

输入端不接音频信号，J4002 连接上两端，重新调节电位器 R_P1，使 Ed 在 0.5～8.5V 范围内变化，将对应的频率填入表中。

表 2.6.1

Ed（V）	0.5	1.0	2.0	3.0	4.0	5.0	6.0	7.0	8.0	8.5
f（MHz）										

4）调频波频谱结构观测

① J4002 连接上两端，调节 R_{P1} 使 E_d=4V，使振荡频率 f_0=10.7MHz（幅度为 U_{OP-P}=1V）；

②输入端输入 f_0=2kHz、幅度 U_m 从 0.5～2.0V 可调的正弦低频（选择 1～10kHz，参考频谱仪的分辨率来选择）调制信号 U_m。

表 2.6.2

U_m	0.1	0.2	0.3	0.4	0.5
频谱结构（作图）					

5）动态测试（选作，需利用相位鉴频器作辅助测试）。

提示：为进行动态测试，必须首先完成鉴频器的实验内容，并利用其实验结果，即相应的 S 曲线。

J4002 连接上两端，调 R_P1 使 E_d=4V 时，调 R_P2 使 f=10.7MHz。连接 J4001，自 IN 端口输入频率 f=2kHz、V_{P-P}=0.5V 的音频信号 V_m，此时使 J4002 连接下两端，输出端 P4003 接至相位鉴频器的输入端，用示波器观察解调输出正弦波的波形，并记录输出幅值，将其与测量得出的 S 曲线相比较，计算出对应的中心频率与上下频偏。将音频信号 V_{P-P} 分别改为 0.8V、1V，重复以上步骤。将实验所得数据填入表格（表格自拟），记下调制电压幅度与调制波上下频偏的关系，核算中心频率附近动态调制灵敏度即曲线斜率 S。

$$S = \frac{\Delta f}{\Delta V}\bigg|_{f=10.7\text{MHz}}$$

将动态调制灵敏度与静态调试特性相比较。

2．相位鉴频器实验（选作）。

1）用高频信号发生器逐点测出鉴频特性

用短路环使跳线端子 J8001、J8002 和 J8003 各自的右两端短接，以使背面一组电容（CT8001′、CT8002′和 CT8003′）接入电路。输入信号改接高频信号发生器，输入电压约为 50mV，用万用表测鉴频器的输出电压，在 9.7～11.7MHz 范围内，以每格 0.1MHz 条件下测得相应的输出电压，并填入表格（表格形式自拟）。找出 S 曲线零点频率 f_0、正负两极点频率 f_{max}、f_{min} 及其 V_M、V_N。鉴频曲线的灵敏度可用以下公式计算 $S = \frac{\Delta V_O}{\Delta f}\bigg|_{f_0=10.7\text{MHz}}$。再将正面一组电容（CT8001、CT8002 和 CT8003）接入电路，重复以上步骤。根据以上数据，在坐标纸上逐点描绘出两条频率——电压 S 曲线。

2）观察回路电容 CT8001、CT8002 和耦合电容 CT8003 对 S 曲线的影响

①调整电容 CT8002 对鉴频特性的影响。

记下 CT8002> CT8002-0 或 CT8002< CT8002-0 的变化并与 CT8002= CT8002-0 的曲线比较，再将 CT8002 调至 CT8002-0 正常位置。

注：CT4002-0 表示回路谐振时的电容量。

②调 CT8001 重复（1）的实验。

③调 CT8003 至较小的位置，微调 CT8001、CT8002 得 S 曲线，记下曲线中点及上下两峰的频率（f_0、f_{min}、f_{max}）和二点高度格数 V_m、V_n，再调 CT8003 到最大，重新调 S 曲线为最佳，记录：f_0'、f_{min}、f_{max} 和 V_m'、V_n' 的值。

定义：峰点带宽　$BW=f_{max}-f_{min}$

曲线斜率　　$S=(V_m-V_n)/BW$

比较 $CT8003$ 最大、最小时的 BW 和 S。

3．将调频电路与鉴频电路连接。

将调频电路的中心频率调为 10.7MHz，鉴频器中心频率也调谐在 10.7MHz，调频输出信号送入鉴频器输入端，将 f=1kHz，V_m=400mV 的音频调制信号加至调频电路输入端进行调频。用双踪示波器同时观测调制信号和解调信号，比较两者的异同，如输出波形不理想可调鉴频器 C_T1、C_T2、C_T3。将音频信号加大至 V_m=800mV，1000mV…观察波形变化，分析原因。

七、实验报告要求

1．整理实验数据，在同一坐标纸上画出静态调制特性曲线，并求出其调制灵敏度 S，说明曲线斜率受哪些因素的影响。

2．在坐标纸上画出动态调制特性曲线，说明输出波形畸变原因。

3．振荡器波形的好坏与哪些因素有关？试分析之。

4．整理实验数据，画出鉴频特性曲线。

5．分析回路参数对鉴频特性的影响。

6．分析在调频电路和鉴频电路联机实验中遇到的问题及解决办法，画出调频输入和鉴频输出的波形，指出其特点。

实验七　集成电路（压控振荡器）构成的频率调制器

一、实验目的
1．进一步了解压控振荡器和用它构成频率调制的原理。
2．掌握集成电路频率调制器的工作原理。

二、预习要求
1．查阅有关集成电路压控振荡器资料。
2．认真阅读指导书，了解 NE564 集成电路的内部电路及原理。
3．了解 NE564 外接元件的作用。

三、实验内容
1．观察时基电容对于 V_{CO} 振荡频率的影响。
2．观察控制电压对于 V_{CO} 振荡频率的影响。

四、实验原理及电路说明

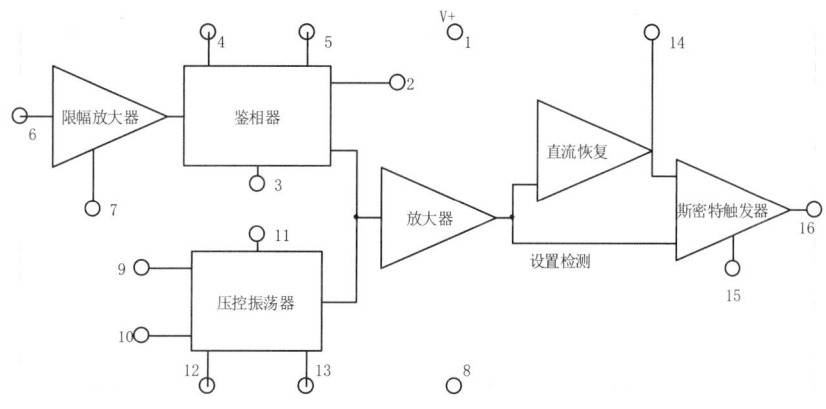

图 2.7.1　NE564 框图

图 2.7.1 为 NE564 集成电路框图及管脚排列图。NE564 集成电路是一种多用途、高精度锁相环电路，其工作频率可高达 50MHZ。参见图 2.7.1，该芯片内部包括压控振荡器、限幅器、鉴相器及端口检测器等电路。该电路为 5V 单电源供电，具有 TTL 电平输入/输出，外部可变环路增益控制等特点，可应用于高速调制、FSK 接收与传送、频率合成等方面。本次实验电路时应用了该电路构成的压控振荡器电路。

五、实验仪器
1．双踪示波器。
2．扫频仪。
3．频谱仪。
4．高频信号发生器。

5．高频毫伏表。

6．万用表。

7．TPE-TXDZ 实验箱（F 实验区域：V_{CO} 频率调制器）。

六、实验步骤及测试方法

实验电路如图 2.7.2 所示。

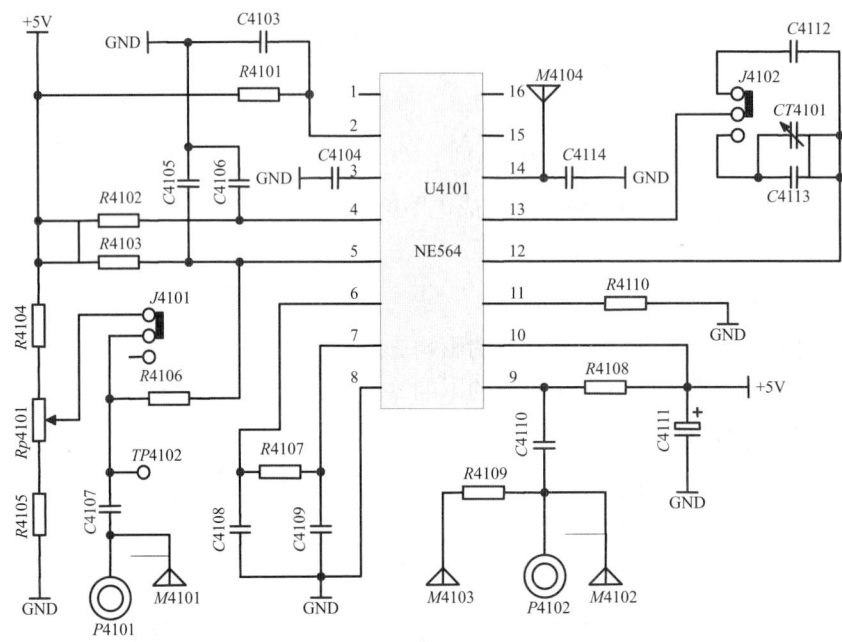

图 2.7.2　564 构成的调频器

1．观察时基电容对于 V_{CO} 振荡频率的影响。

1）按下开关后先测量 $TP4001$ 点的电压，应为 5V。$J4102$ 连接上两端，并测量 $TP4102$ 点的电压，应在 2.8V 左右。在 $M4102$ 处测试输出的波形，波形为方波，幅度超过 $4V_{pp}$。在 $M4103$ 点测量频率，约为 60kHz。

2）$J4102$ 连接下两端，并调节可变电容，使输出频率在 10.7MHz。但此时波形失真较大，下降沿有振荡毛刺，占空比约为 1/3。

2．观察控制电压对于 V_{CO} 振荡频率的影响。

1）直流电压控制：连接 $J4101$，$J4102$ 连接上两端，调整 $Rp4101$，$TP4102$ 点的电压约从 1.9V 到 3.8V，测量相应振荡频率的变化。$J4102$ 连接下两端，重复以上步骤，将测得的结果填入表 2.7.1。

2）调频波观察（交流电压控制）：连接 $J4102$ 上两端，$J4101$ 开路，从 $P4101$ 处输入频率为 5kHz，峰峰值为 1V 的正弦波，在 $M4102$ 处观察输出波形，应能得到疏密相间的调频波形。

表　2.7.1

V（V）									
f（MHz）									

										续表
f（MHz）										

注意：为了更好的用示波器观察频率随电压的变化情况，可适当微调调制信号的频率，即可达到理想的观察效果。

七、实验报告要求

1．阐述 564 的调频原理。
2．整理实验结果，画出波形图，说明调频概念。

实验八 集成电路(锁相环)构成的频率解调器

一、实验目的
1. 了解用锁相环解调调频波的工作原理。
2. 学习掌握集成电路频率调制器/解调器系统的工作原理。

二、预习要求
1. 查阅有关锁相环内部结构及工作原理。
2. 弄清锁相环集成电路与外部元器件之间的关系。

三、实验内容
1. PLL 频率解调器的调整。
2. 锁相环电路解调。

四、实验原理及电路说明
1. 工作原理。

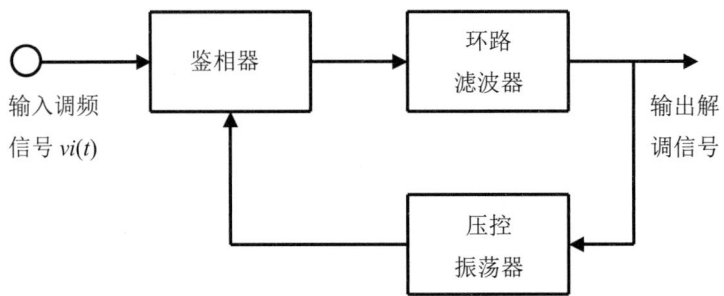

图 2.8.1 调频波锁相解调电路方框图

图 2-8-1 示出了调频波锁相解调电路的组成方框图,当输入为调频波时,只要环路滤波器的通频带设计得足够宽,能使鉴相器的输出解调电压顺利地通过,而环路的捕捉带又大于输入调频信号的最大频偏,则 V_{CO} 就能精确地跟踪输入调频信号中反映调制规律的瞬时频率变化,产生具有相同调制规律的调频波,显然,只要 V_{CO} 的频率控制特性是线性的,则 V_{CO} 的控制电压 $Vc(t)$,就是所需的不失真解调输出电压。

NE564 集成电路框图及管脚排列可参见实验七。当 NE564 集成电路被用作锁相环频率解调器时,调频信号由 6、7 脚输入,经限幅放大后被送入鉴相器的一个输入端,V_{CO} 的输出从 9 脚引至鉴相器的另一个输入端(3 脚),4、5 脚连接的外接电容与内部电路构成环路滤波器,解调出的信号经放大由 14 脚输出。

1. 实际电路简介。

实际实验电路见图 2.8.2,C8110、C8111 是 V_{CO} 的实际电容,改变电容可以改变的 V_{CO} 自振频率。改变电位器 $Rp8101$,可以改变 564 芯片 2 脚的输入电流,进而改变锁相范围。

五、实验仪器

1．双踪示波器。
2．扫频仪。
3．频谱仪。
4．高频信号发生器。
5．高频毫伏表。
6．万用表。
7．TPE-TXDZ 实验箱（G 实验区域：PLL 频率解调器）。

六、实验内容及步骤

实验电路如图 2.8.2 所示。

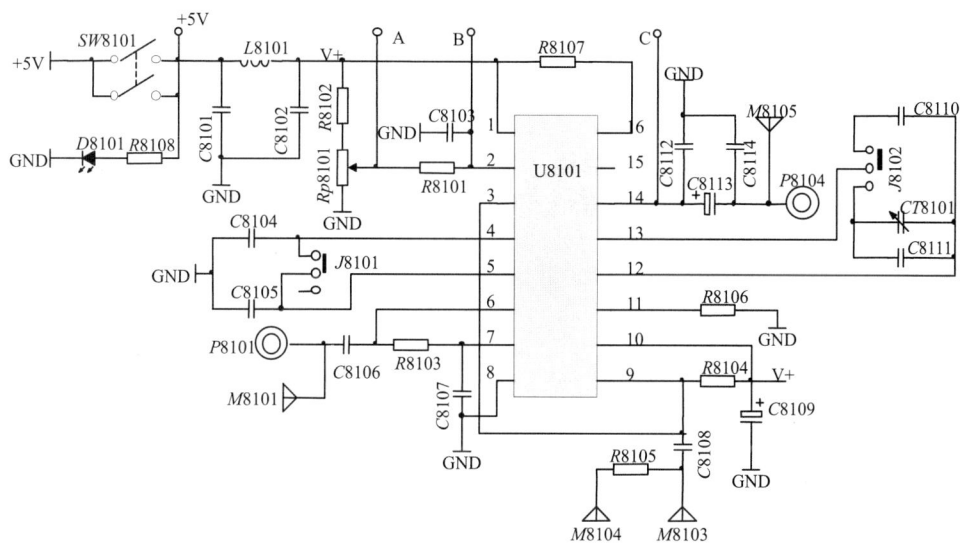

图 2.8.2　564 集成电路构成的 PLL 频率解调器

1．PLL 频率解调器的调整。

1）自振频率的测试与调整

a）按下开关测试 5V 电压，电源指示灯发光。

b）连接 J8101，短接 564 芯片的 4、5 脚，同时连接 J8102 上两端，此时在 M8103 处测试到的波形为 $4V_{pp}$ 的方波，在 M8104 处测试震荡频率。调节 Rp8101，A 点电压可以从 0V 到 2.5V 之间变化，B 点大约保持在 1.3V 到 1.4V，调整时，振荡频率有少许变化。

c）保持 564 芯片的 4、5 脚的短接状态，用短路子连接 J8103（J8102 开路），此时在 M8103 处测试到的波形仍为 $4V_{p-p}$ 的方波，但已有明显失真，在 M8104 处测试震荡频率约为 10MHz，调整微调电容 CT8101，可得到 10.7 MHz 的波形。

2）环路捕捉带与同步带的测定

a）去掉 4、5 脚（J8101）的连接，连接 J8102 上两端，调节 Rp8101 使 A 点电压为 2.1V，从 M8101 输入 Vpp 为 1V 的正弦波，使频率从 10～100kHz 改变，同时检测 M8103，可得到环路捕捉带约为 37kHz 到 85KHz，改变输入信号的频率可测出环路的同步带。注意捕捉带的大小与芯片 2 脚输入电流有关，输入电流=（VA−VB）/2（mA），电流越大锁定区域越大。适当改变 VA，重复测试捕捉带与同步带，自行拟定表格填入。

b）$J8102$ 短接下两端，重复以上步骤，可得到该档的环路捕捉带与同步带。

2．锁相环电路解调实验。

1）连接 $J8102$ 上两端，$J8101$ 保持开路状态，调整 A 点电压为 2.1V，此时在 $M8101$ 处输入一中心频率为 60kHz，调制频率 1kHz，频偏 3.5kHz 的调频正弦波，从 $M8102$（$P8102$）观察记录输出波形。

2）连接 $J8102$ 下两端，输入频率为 10.7MHz 的调频信号，其频偏为 500kHz，在 $M8102$（$P8102$）处可得到超过 0.2Vpp 的解调正弦波。

3．V_{CO} 频率调制器与 PLL 频率解调器的联调。

分别将两个 564 的自振频率调整为 60kHz，在 $P4101$ 处输入频率为 1kHz，峰峰值为 0.2V 的正弦波，连接 $P4102$ 与 $P8101$，用示波器在 $M8105$ 处观察波形，可得到解调后的正弦波形，幅值比输入的调制电压稍高些。同样在自振频率 10.7MHz 时，重复以上步骤。

七、实验报告要求

1．整理全部实验数据、波形及曲线。

2．分析用集成电路 564 构成的调频器和解调器在联机过程中遇到的问题及解决方法。

实验九 上变频混频器实验

一、实验目的
1. 熟悉集成电路实现的混频器的工作原理。
2. 了解混频器的多种类型及构成。

二、预习要求
1. 预习混频电路的有关资料。
2. 认真阅读实验指导书,对实验电路的工作原理进行分析。

三、实验内容
1. 等幅波混频实验。
2. 调幅波混频实验。
3. 调频波混频的观测。

四、实验原理及电路说明

1. 工作原理。

混频器按工作原理可分为两大类,即叠加型混频和乘积型混频。叠加型混频原理是先将信号电压和本振电压叠加,再作用于非线性器件的混频。后面的晶体管混频器即是如此。而乘积型混频是将信号电压和本振电压通过模拟乘法器直接相乘。本实验采用NE602集成电路构成乘积型混频器,如图 2.9.1 所示。

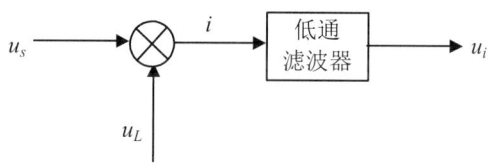

图 2.9.1 乘积型混频器框图

2. 实验电路简介。

本实验电路由三部分电路构成:即"30MHz 载波振荡电路""集成电路混频器"和"信号放大电路"。载波振荡一个是石英晶体振荡器,只是为了提供一个载波信号,由于不进行单元电路的实验,所以在此不作详细介绍。信号放大电路是由 1350 集成芯片构成的放大器和一个射极跟随器组成的,1350 集成芯片的内部电路在 AGC 放大电路中介绍,使用者可参考该部分内容。此处重点介绍的是 NE602 集成芯片。

1) NE602 集成芯片简介

NE602 是一个单片频率变换集成电路,具有许多独特的性能。参见图 2.9.2,NE602 把混频级和本地振荡级集成在一个封装中。它的混频级是一个 Gilbert cell(吉伯单元电路)构成的乘法器,是双平衡混频器,具有很高的变频灵敏度。

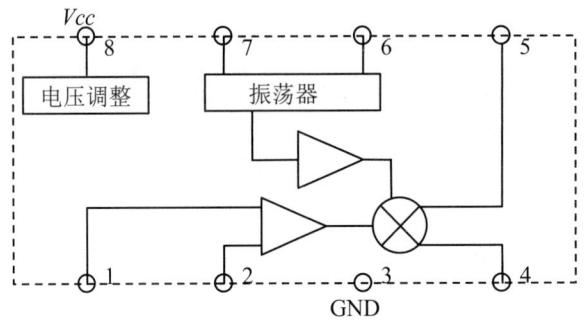

图 2.9.2 NE602 方框图

NE602 的内部振荡器含有一个单独的高频 NPN 晶体管,可以产生高达 200MHz 的振荡,该晶体管的基极被引至封装的 6 脚,发射极被引至封装的 7 脚,而集电极电路和偏压电路则封装在芯片中,但就交流而言,集电极可认为是通过电源接地的,所以可以把这个晶体管包括在外部电路的设计中。NE602 的 1、2 脚是差动输入端,4、5 脚是推挽输出端,其中任何一个都可用作单端输出端,所以 NE602 有极其丰富多样的输入/输出形式和多种应用场合。

2)实验电路简介

电路中设置了拨动开关 J2002,当 J2002 的左两端被连接时,由 C2006、C2007、C2008 和石英晶体等外围元件构成的振荡回路接在 NE602 内部晶体管的基极和发射极,形成电容三点式石英晶体振荡器,产生的载波信号被送至 NE602 内部的混频级。而当 J2002 的右两端被短接时,外部载波振荡源就被连接到电路中。

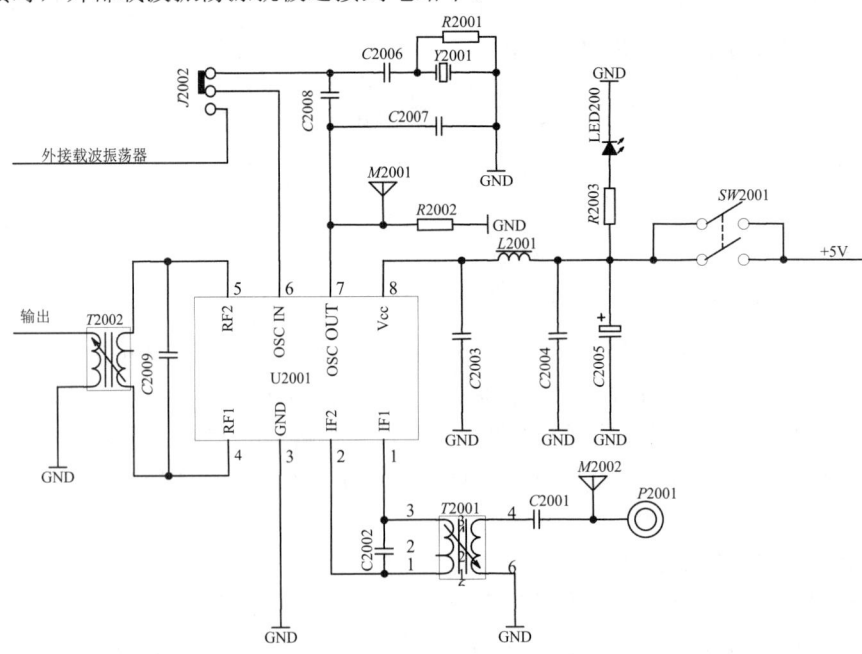

图 2.9.3 集成电路混频器原理图

3. 实验注意事项。

(1)由 1350 芯片构成的信号放大电路,当增益调整得过大或输入信号幅度过大时,由于动态范围的限制，会产生限幅和波形失真，这在做调幅波变频实验时尤应注意。

（2）当不用外接信号源，而采用实验系统提供的相关电路做实验时，低频信号源应接入 20dB 的衰减。幅值调节电位器、$Rp5002$ 电位器和 $Rp2003$ 电位器要仔细调整和相互配合，方能得到较理想的变频输出波形。

（3）本实验用到实验一的（LC 与晶体振荡器实验）输出信号。因此，在进行本实验前必须调整好实验一的输出，使之满足本实验的要求。

五、实验仪器

1．双踪示波器。
2．扫频仪。
3．频谱仪。
4．高频信号发生器。
5．高频毫伏表。
6．万用表。
7．TPE-TXDZ 实验箱（B 实验区域：上变频混频器）。

六、实验步骤及测试方法：

1．等幅波混频实验。

1）接通上变频器实验电路的电源（$SW2001$），将 $J2002$ 的左两端连接，使内部振荡电路接入实验。在 $M2002$ 处观察振荡波形，其幅值大约为 $200mVpp$，波形有些失真。其频率为 30MHz。

2）在 $M2001$ 处接入等幅波信号，其幅值为 $20mVpp$，频率为 10.7MHz。用示波器在 $M2006$ 处观察变频输出波形，仔细调整 $T2001$ 和 $T2002$ 的磁芯，使输出电压幅值最大。此时输出信号的频率应为 40.7MHz，输出幅值大约为 $220mVpp$。

3）将 $J2002$ 的右两端用短路环短接，接通 $SW2002$，使外部振荡电路接入实验，适当调整外部载波振荡源的输出电压幅值，重复上面的实验，应能得到相同的结果。

4）按下电源开关 $SW2003$，接通信号放大电路的电源。保持步骤3）的状态，分别在 $M2005$、$M2004$ 处观察输出信号，调整 $T2003$ 的磁芯，使输出幅值最大。调整 $Rp2003$，可以改变放大器的增益。

2．调幅波混频实验。

1）将信号源调整为调幅输出形式，载波频率为 10.7MHz，调制信号频率为 1KHz，调幅度为 30%，输出幅值大约为 $20mVpp$。

2）将该信号接至 $M2001$ 处，本振信号维持不变，直接在 $M5004$ 处观察混频器的输出信号，可得到载频为 40.7MHz 的调幅包络信号，调整 $Rp2003$，以得到一个不失真的混频输出信号，记录实验结果。

3）改变调制频率或改变调幅深度，输出信号将出现相应的变化。

3．调频波混频的观测。

1）将信号源调整为调频输出形式，载波频率为 10.7MHz，调制信号频率为 1kHz，频偏为 3.5kHz，输出幅值大约为 20mV。

2）将该信号接至 $M2001$ 处，本振信号维持不变，直接在 $M5004$ 处观察混频器的输出信号，可得到载频为 40.7MHz 的调频信号，记录实验结果。

附：用实验箱相关电路的调整方法

1）将"LC 与晶体振荡器"连接成晶体振荡器的形式，调整 $Rp1001$ 和 $Rp1002$，使振荡器输出幅值度为 20mVpp（f=10.7MHz），将该信号作为载频连接到 $P5001$（乘法器调幅电路的载频输入端），以频率为 1KHz 低频信号为调制信号加至 $P5002$（乘法器调幅电路的低频输入端），然后按照低电平调幅实验指导书中所述的实验步骤，调整 $Rp5002$ 和低频信号源的幅值调节电位器，使乘法器调幅器输出调幅度大约为 30%的调幅波，其幅值大约为 50mVpp。

2）将乘法器调幅器的输出（$P5004$）连接到 $P2001$（上变频混频器的输入），本振信号维持不变，在混频器的输出端（$P2005$）可得到一载频为 40.7MHz 的调幅包络信号，幅度大约为 1.3V，记录实验结果。

七、实验报告要求

1．根据个人理解，完整叙述信号混频的过程，并讨论与振幅调制电路的共同点。

2．如何将 NE602 振荡器通过外围元件的连接构成三次谐波振荡器？

实验十　下变频混频器实验

一、实验目的
1. 了解调幅接收机的工作原理及组成。
2. 加深对混频概念的认识。

二、对开、预习要求
1. 预习混频电路的有关资料。
2. 认真阅读实验指导书，对实验电路的工作原理进行分析。

三、实验内容
1. 低噪声放大器的实验。
2. 晶体管混频电路实验。

四、实验原理及电路简介

混频电路是超外差接收机的重要组成部分，它的作用是将载频为 f_C 的已调信号 $u_S(t)$ 不失真地变换成载频为 f_I 的已调信号 $u_I(t)$（固定中频），其电路框图如图 2.10.1 所示。

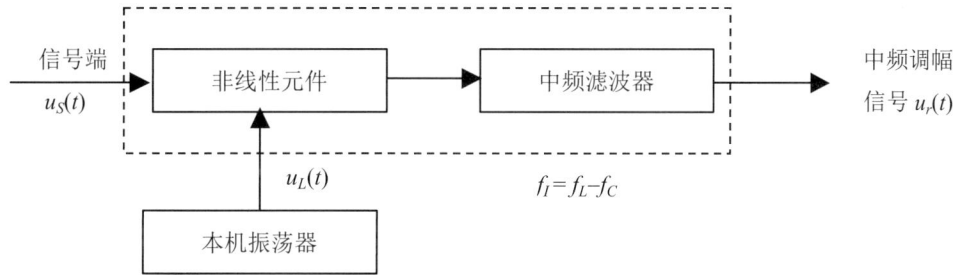

图 2.10.1　混频电路方框图混

它是将输入调幅信号 $u_S(t)$ 与本振信号（高频等幅信号）$u_L(t)$ 同时加到变频器，经频率变换后通过滤波器，输出中频调幅信号 $u_I(t)$，$u_I(t)$ 与 $u_S(t)$ 载波振幅的包络形状完全相同，唯一的差别是信号载波频率 f_C 变换成中频频率 f_I。

混频器有很多种，在高质量的通信接收机中常采用二极管环形混频器和双差分对混频器，而在一般的广播接收中则通常采用晶体管混频器。本实验电路采用的是晶体三极管混频电路，本振信号由晶体振荡器产生，其频率为 30MHz，混频后成生的中频信号频率为 10.7MHz。

晶体管混频器实际电路如图 2.10.2 所示。

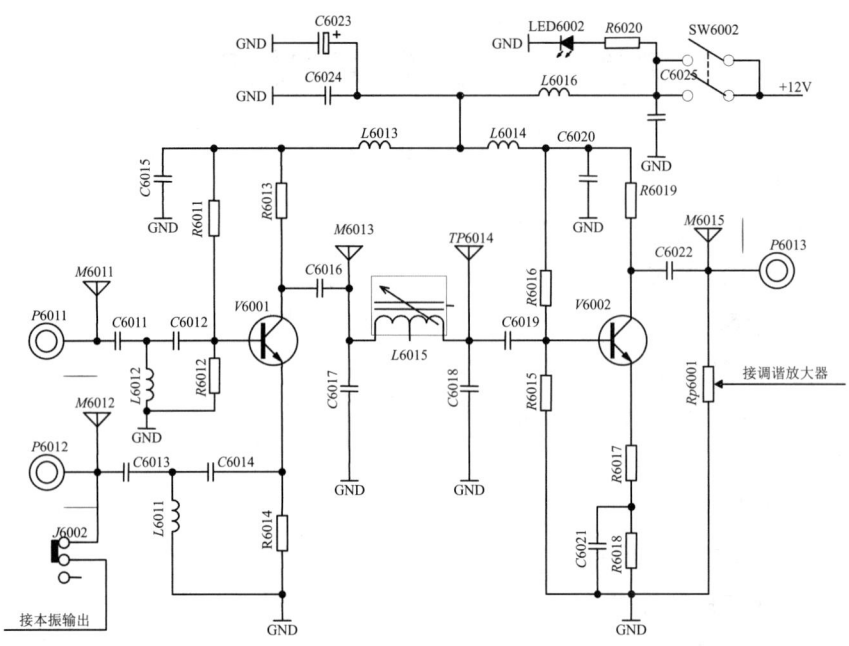

图 2.10.2　晶体管混频电路

五、实验仪器

1．双踪示波器

2．扫频仪。

3．频谱仪。

4．高频信号发生器。

5．高频毫伏表。

6．万用表。

7．TPE-TXDZ 实验箱（H 实验区域：下变频混频器）。

六、实验步骤及测试方法

1．低噪声放大器的实验：

1）按下总电源开关和低噪声放大器电源开关（SW6001），指示灯亮。

2）将信号源频率调整为 40.7MHz，幅度调整为 10mV 左右，用两端均为 Q9 连接器的电缆，直接将信号连接到低噪声放大器的输入回路。

3）用示波器在 M6001 处观察波形，可得到幅度大约为 100mV 的输出信号。

2．按下 30MHz 本地振荡器的电源开关（SW6003），用示波器在输出端观察信号，调整电位器，其输出幅值可在 0 到 $1.2V_{pp}$ 的范围内连续调整，将输出幅值调整为 $1V_{pp}$ 待用。

3．晶体管混频电路的调整。

1）按下下变频混频器的电源开关（SW6002），该电路指示灯亮。

2）连接 J6001 和 J6002，使低噪声放大器的输出信号和本地振荡器的输出信号分别加到晶体管混频电路的信号输入端（V6001 的基极）和本振输入端（V6001 的发射极）。

3）在 $M6015$ 处用示波器观察波形，调整 $L6015$ 电感的磁芯，以得到变频后的输出波形，其频率应为 10.7MHz，幅度大约为 1.5Vpp。

4．注意事项：调整过程须仔细，不要过度调整中周变压器的磁帽和 T_1 的磁芯，以免损坏。

七、实验报告要求

1．整理测量数据和结果，画出波形图。

2．分析如果输入信号 f_S 的频率为 19.3MHz 时，会产生什么样的结果？

实验十一　中频 AGC 放大器实验

一、实验目的
1. 了解自动增益电路原理及应用。
2. 了解集成芯片 MC1350 构成电路原理及应用。

二、预习要求
1. 复习自动增益电路原理与特性。
2. 研究集成放大器芯片 MC1350 的有关资料。

三、实验内容
1. 测试外端电压对放大电路增益的影响。
2. 测试自控增益的反馈过程与结果。
3. 研究检波电容大小对自控增益过程的影响。

四、实验原理及电路说明简介
1. 工作原理。

自动增益控制（AGC，Automatic Gain Control）电路是某些电子设备特别是接收设备的重要辅助电路之一，其主要作用是使设备的输出电平保持一定的数值，也叫自动电平控制电路。自动增益控制电路是一种反馈控制电路，当输入信号电平变化时，用改变增益的方法，维持输出信号电平基本不变的一种反馈控制系统。

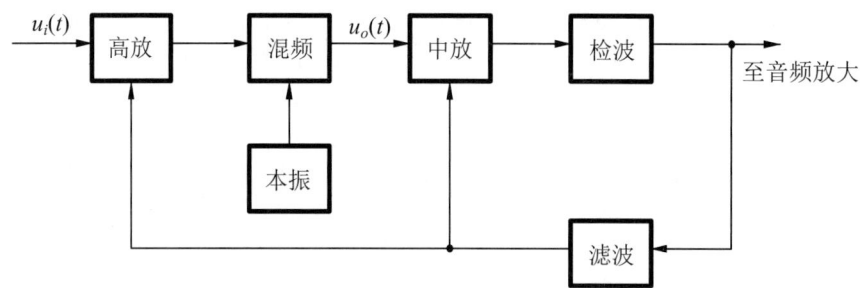

图 2.11.1　AGC 电路接收方框图

AGC 电路接收方框图如图 2.11.1 所示。由图可知，AGC 电路的自动调整主要是要产生一个随信号变化的直流控制电压 U_P（叫 AGC 电压），并用之来控制放大电路的增益，使总增益按一定规律变化。由产生 AGC 电压的检波器与 AGC 电压控制范围的区别，AGC 电路又分为简单 AGC 电路与延迟式 AGC 电路。

2. 实际电路简介。

1）本实验基本电路框图如图 2.11.2 所示，与基本 AGC 电路区别在于，增加了一个外控电压 U_i，可以通过改变外控电压来得到不同的 AGC 增益特性曲线与输出信号电平范围。

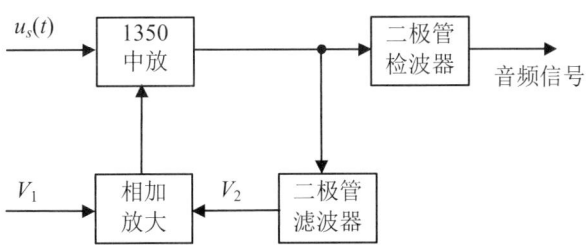

图 2.11.2　MC1350 构成的 AGC 中频放大器

2）实际电路图如图 2-11-3 所示，其中放电路使用集成放大器芯片 MC1350，它是一种常用于宽带 AGC 电路的综合放大器芯片。其 2 脚接入正电源，3、7 脚接地，4、6 脚接信号输入，5 脚为增益控制端，1、8 脚为放大信号输出，由于 1、8 脚内部电路为差动放大形态，因而多采用源端中心端接电源，两端对称接 1、8 脚，副端线圈单端输出的变压器耦合输出形式，本实验电路即采用这种输出形式。

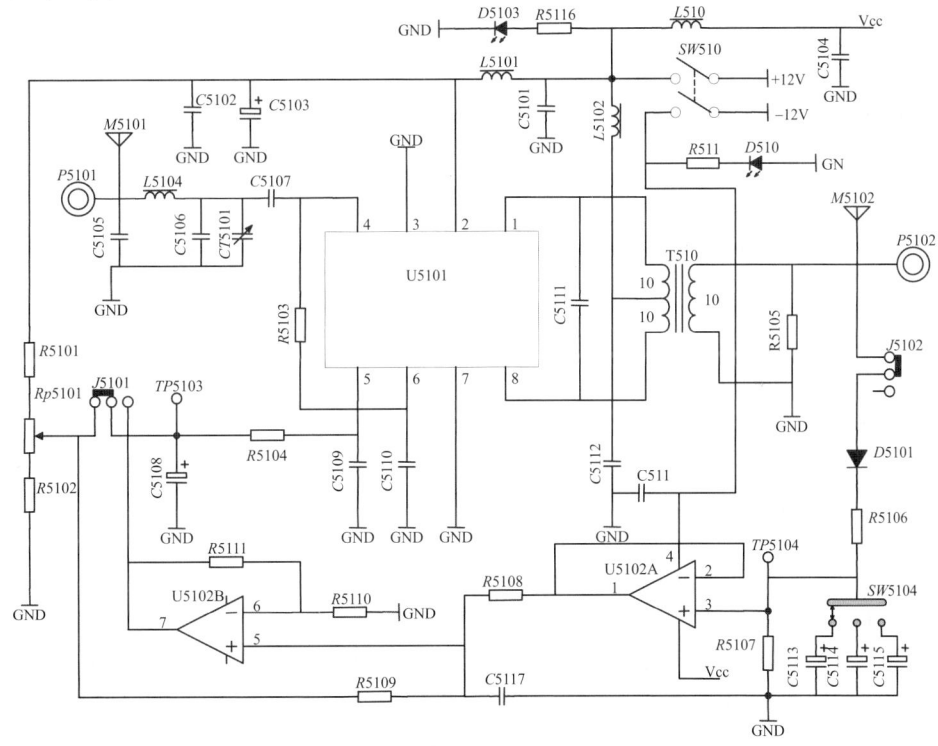

图 2.11.3　中频 AGC 放大器实际电路

在实际电路中，输入信号经过一个谐振滤波电路进入 4 脚，Rp5101 用来产生外部控制电压，当 J5101 接左两端时，系统增益完全由外电压控制。放大后的信号由 1、8 脚经过中周变压器输出，中周的输入端并联电容产生谐振滤波的效果。当连接 J5102 时，输出信号进入滤波器转化成直流电平，又经过运放与外部控制电压相加并放大，此时将 J5101 连接右两端，则形成一个反馈环路，实现自控增益的目标。改变 Rp5101，会改变最终输出信号的幅度范围，应适当选择外部控制电压，得到大小适度的输出信号。注意：由于输出功率、中周与负载电阻的影响，实际输出达到一定幅度后必然饱和，并有可能引起失真。

五、实验仪器

1．双踪示波器。

2．扫频仪。

3．频谱仪。

4．高频信号发生器。

5．高频毫伏表。

6．万用表。

7．TPE-TXDZ 实验箱（J 实验区域：中频 AGC 放大电路）。

六、实验步骤及测试方法

1．测试外端电压对放大电路增益的影响。

按下 SW5101，红绿指示灯应同时发亮，表示电压正常。连接 J5101 的左边两端，调节电位器 Rp5101，使 TP5103 点的直流电压 V1 为 5.8V。此时从输入端 5101 输入 10.7MHz 峰峰值 20mV 的正弦波信号，适当调节可变电容 CT5101 与中周线圈 T5101 的磁芯使输出达到最大。

改变输入信号大小，记录输出的大小。改变 Rp5101，测试在不同 V1 情况下输出的变化。

表 2.11.1

	U_i（mVpp）	20	40	60	80	100	120	140	160	K
U_o（Vpp）	V_1=5.8V									
	V_1=5.6V									
	V_1=6.0V									
	V_1=6.2V									
	V_1=									

2．测试自控增益的反馈过程与结果。

连接 J5101 的右边两端，连接 J5102，J5103 拨动到最左端，即连接 C5113，形成反馈回路。输入 10.7MHz 峰峰值 100mV 的正弦信号，用示波器观测输出端 P5102 的信号幅度。适当调节 Rp5101，使输出信号大于 2Vpp，小于 2.5Vpp。用万用表测试 TP5103 的直流电压 V_1 与 TP5104 的直流电压 V_2，并不断改变输入信号大小，测试相关数据。

3．研究检波电容大小对自控增益过程的影响。

在实验步骤 2 的状态下，拨动 J5103 到中间端，即连接 C5114，改变输入信号的幅值，观察自动调节增益的过程。再拨动 J5103 到右端，即连接 C5115，重复以上步骤，应能观察到很明显的增益调整过程。

注：C5113=1uF，C5114=10uF，C5115=100uF。

表 2.11.2

U_i（mVpp）	20	40	60	80	100	120	140	160	180	200
V_2（V）										
V_1（V）										
Uo（Vpp）										
KAGC										

七、实验报告

1．根据实验所得数据，画出自控增益情况下的特性曲线 K—U_i、Uo—U_i，并与固定控制电压 V_1 情况下相比较。

2．讨论检波电容大小对控制过程的影响。

3．研究实验电路，讨论如何用最简单的方法将电路改成延迟性 AGC 电路。

第 3 章 综合设计性实验

实验一 调幅发射机与接收机系统综合实验

一、实验目的
1. 了解模拟通信系统中调幅发射机与接收机的工作原理及组成，建立无线电发射与接收的系统概念。
2. 在模块实验的基础上掌握调幅发射机整机组成原理，建立调幅系统概念。
3. 掌握系统联机调整的方法，加强学生在电路实验过程中信号检测、故障诊断等环节的学习，提高解决实际问题的能力。

二、预习要求
1. 复习已完成的实验内容。
2. 了解调幅收发系统的基本原理。

三、实验内容
1. 完成 AM 调幅发射机电路实验。
2. 完成 AM 调幅接收发射机电路实验。
（注：以上内容建议 2 个学生配合完成）

四、实验原理说明
1. 无线电调幅发射机的构成与分析：

参见图 3.1.1，一台小型无线电发射机，通常由主振级、调制级、功率放大级和发射天线构成。

主振级用来产生发射载频信号（高频正弦波），主要要求是频率稳定、幅度较大、波形失真小。通常用 LC 晶体管振荡器。

调制级主要用来产生调制波，可以是单独一级（低电平调制），也可以在功放级完成（高电平调制）。对于全信号调幅波一般多在功放级实现调制。产生的调制信号可以是调幅波也可以是调频波。

功放级是发射机的重要组成部分，要求以较高的效率给出较大的功率，以满足发射机的要求。同时，要求输出波形失真小，以保证发射效果，因此一般都采用丙类功率放大器（适用于等幅波放大）形式。

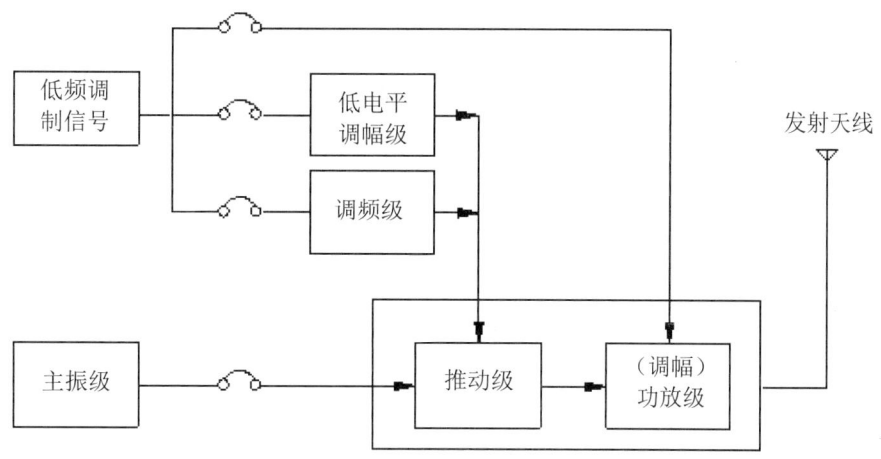

图 3.1.1　无线发射机构成框图

本实验系统中，相关单元电路作适当连接就可以得到一个完整的无线发射系统，与图 3.1.1 所不同的是低频信号首先被调制到 10.7MHz 的中频频率上，然后再连接上变频电路，将该中频信号搬移到 40.7MHz 的频率上，经功率放大后通过天线将信号发射出去。其方框图参见图 3.1.2。

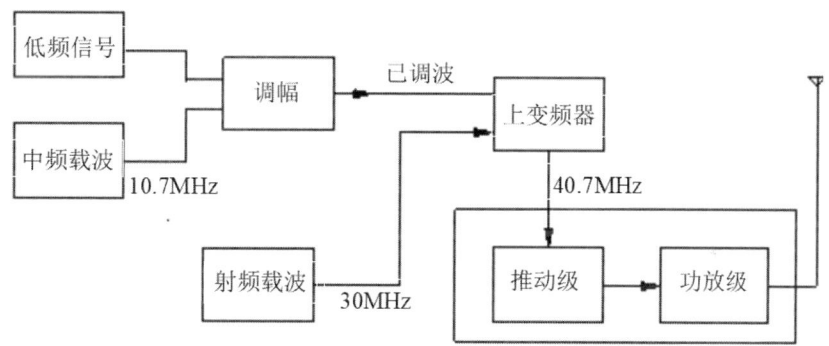

图 3.1.2　调幅无线发射实验系统框图

为了便于实验者操作，图 3.1.3 给出连接示意图，图中标示出各相关电路之间的连接端口。

说明：图中符号 ⌒ 表示需要用短线连接的地方。只要按图正确连接就可以组成 40.7MHz 的小型调幅发射机。

2．无线电接收系统的构成与分析。

图 3.1.4 给出了二次变频超外差式无线电接收机的方框图。本实验系统中没有采用二次变频的方式，而是将天线接收到的信号经低噪声放大后直接一次变频至 10.7MHz 的中频，再经过有单、双调谐放大器和 AGC 放大后，送至相应的检波电路，将信号还原为低频信号。

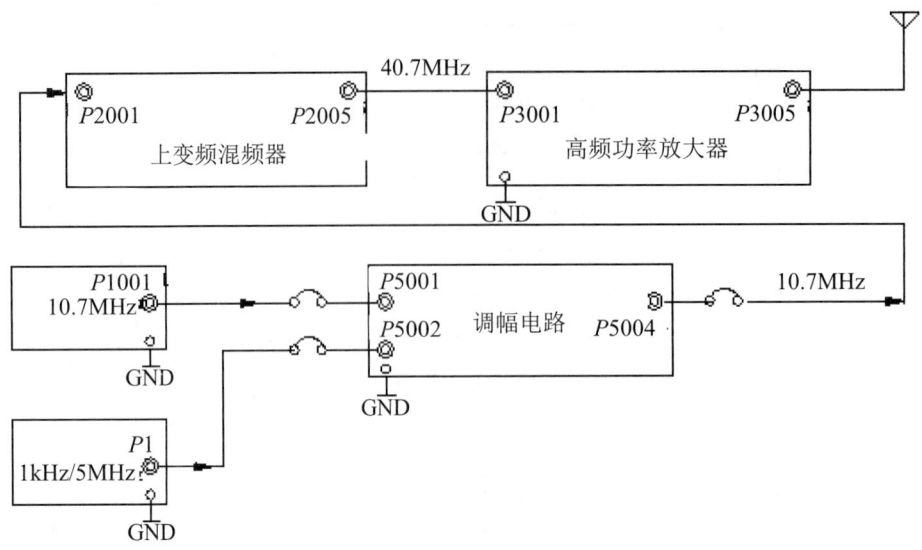

图 3.1.3　振幅调制发射机联机示意图

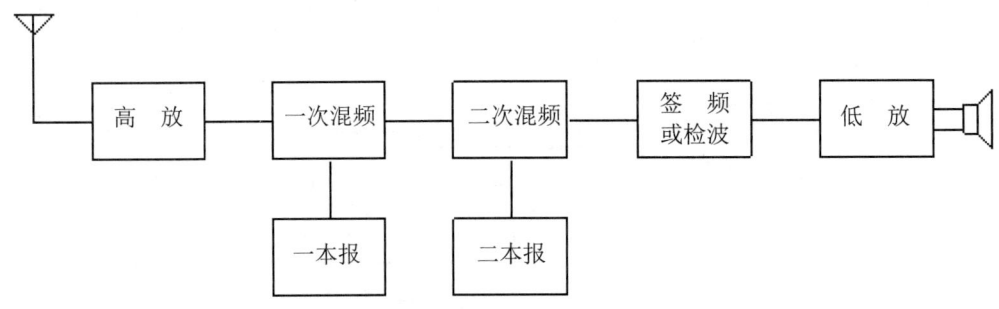

图 3.1.4　超外差接收机框图

五、实验仪器

1．双踪示波器。
2．扫频仪。
3．频谱仪。
4．高频信号发生器。
5．高频毫伏表。
6．万用表。
7．TPE-TXDZ 实验箱。

六、实验步骤及测试方法

A．低电平调幅发射机的调整。

1．按照图 3.1.2 和图 3.1.3 的提示，分步骤正确地连接相关电路，即首先完成低电平调幅电路的连接，待调整好后，再进行与上变频混频的连接与调整，然后将变频后的信号作为推动信号，连接到高频功放级。这样逐级调整最终形成一个调幅发射系统。

2．将乘法器输出调整为调幅度大约为 30%，全载波调幅信号（载频 10.7MHz），输出幅值按实际需要调整。参考数值：低频调制信号电压：50mVpp，载频信号：10.7MHz，40mVpp，输出已调波信号电压：约 50mVpp，并观察已调波形频谱。

3．将乘法器输出（P5004）连接至上变频混频器的输入端（P2001），参照实验《上变频混频器实验》指导书内容，在 M2006 处观测混频后的输出波形及频谱，应得到一个调幅波的波形，其载频为 40.7MHz，幅度大约为 400mVpp，在 M2004 处观测信号，调整 Rp2003 电位器，使输出幅度为所需要的数值（一般为 400 mVpp）。

4．将混频器输出（P2005）连接至高频功率放大器的输入端（P3002）。按下述方法调整：

（1）将 J3003 拨向下端，以便接入负载电阻，同时将 J3004 拨向左侧，即暂不接入天线回路。

（2）在 M3004 处观察功放输出波形。

（3）将 J3003 拨向上端，断开负载电阻，同时将 J3004 拨向右侧，使输出连接到天线回路。适当调整前级输出幅度，有时还需要微调乘法器调幅电路的电位器 Rp5002 和低频信号幅度，以使输出得到合适的调幅度。

B．调幅信号的接收解调。

1．低噪声高频放大器的调试：装上天线，适当调整接收天线的高度，接收到的天线信号通过天线输入回路被耦合到低噪声高频放大器的输入端。按下 SW6001 连通电源。从 M6001 观察输出波形（此时 J6001 应拨向右侧，断开与下级电路的联系），适当调整 L6001 达到谐振使输出最大。

2．再按下 SW6002、SW6003，连接 J6001 和 J6002，按实验十三的步骤对接收到的信号进行下变频，从 M6015 观察混频得到的波形信号，应能得到包络较清晰的 10.7MHz 调幅信号。

3．用短路子连接 J2001 上两端，将信号输入单调谐放大器，适当调节电位器 Rp6001，从输出口 P7002 得到包络清晰且失真度小的调幅波，此时输出波形的幅度应在 1Vpp 之上（也可输入双调谐放大器）。

4．再用连接线将信号连接入中频 AGC 放大器，应在 P5102 观察到包络清晰且失真度小的调幅波，幅度应在 1.5Vpp 左右。

5．继续连接入二极管包络检波器，适当调整 Rp5102，可从 P5104 得到解调出来的音频信号（此信号会有所抖动，属于干扰问题）。最后将解调信号接入低频放大器，可以调整 Rp1101，听喇叭的发音或观测输出波形。

七、实验报告要求

1．画出调幅发射机及接收机组成框图和对应测试点的实测波形及并标出测量值大小。

2．写出联机调试中遇到的问题，并分析说明。

实验二 调频发射机与接收机系统综合实验

一、实验目的

1．了解模拟通信系统中调幅发射机与接收机的工作原理及组成，建立无线电发射与接收的系统概念。

2．掌握系统联机调整的方法，加强学生在电路实验过程中的信号检测、故障诊断等环节学习，提高解决实际问题的能力。

二、预习要求

1．复习已完成的实验内容。

2．了解调幅收发系统的基本原理。

三、实验内容

1．完成调频发射机电路实验。

2．完成调频接收发射机电路实验。

（注：以上内容任选一个完成）。

四、实验原理

1．无线电发射机的构成与分析。

参见图 3.2.1，一台小型无线电发射机，通常由主振级、调制级、功率放大级和发射天线构成。

主振级用来产生发射载频信号（高频正弦波），主要要求是频率稳定、幅度较大、波形失真小。通常用 LC 晶体管振荡器。

调制级主要用来产生调制波，采用变容二极管 LC 振荡器实现。

功放级是发射机的重要组成部分，要求以较高的效率给出较大的功率，以满足发射机的要求。同时，要求输出波形失真小，以保证发射效果，因此一般都采用丙类功率放大器形式。

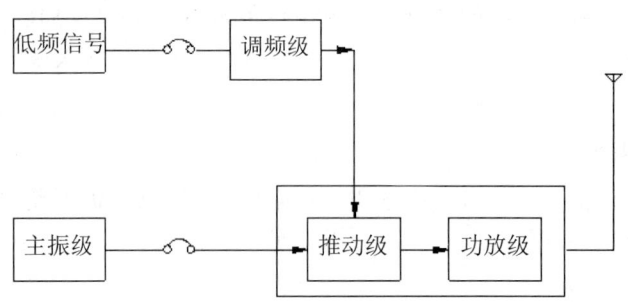

图 3.2.1 无线发射机构成框图

在本实验系统中，相关单元电路作适当连接就可以得到一个完整的无线发射系统，与图 3.2.1 所不同的是低频信号首先被调制到 10.7MHz 的中频频率上，然后再连接到上变频，将该中频信号搬移到 40.7MHz 的频率上，经功率放大后通过天线将信号发射出去。其方框图参见图 3.2.2。

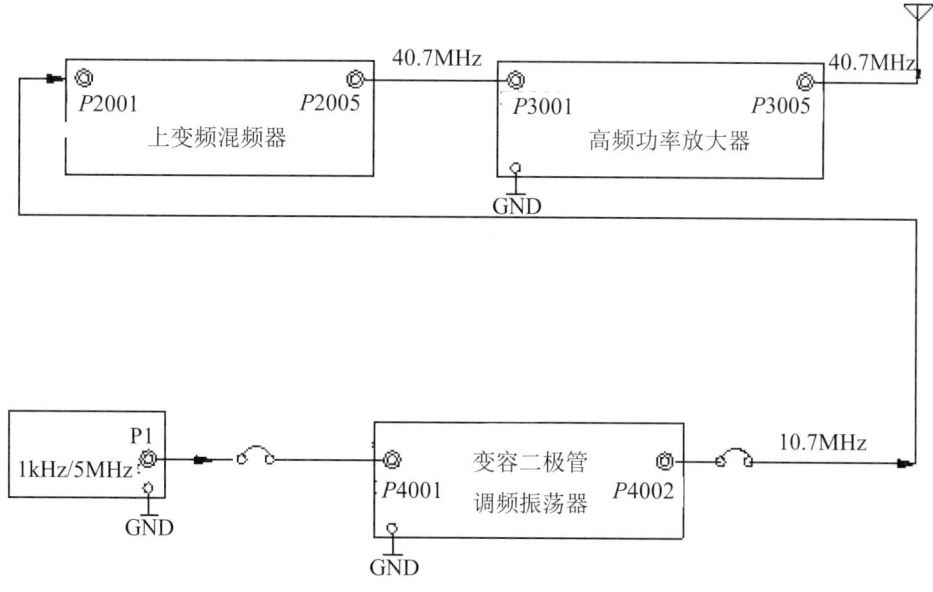

图 3.2.2 调频发射机联机示意图

说明：图中符号 ⌒ 表示需要用短线连接的地方。只要按图正确连接就可以组成 40.7MHz 的小型调频发射机。图 3.2.2 中若将变容管调频器换成 V_{CO} 频率调制器，同样可以完成信号的变换和发射。

2．无线电接收系统的构成与分析。

图 3.2.3 给出了二次变频超外差式无线电接收机的方框图。本实验系统中没有采用二次变频的方式，而是将天线接收到的信号经低噪声放大后直接一次变频至 10.7MHz 的中频，再经过有单、双调谐放大器和 AGC 放大后，送至相应的检波或鉴频电路，将信号还原为低频信号。

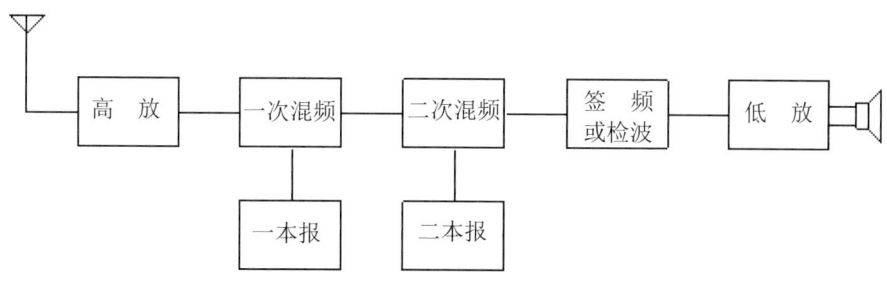

图 3.2.3 超外差接收机框图

五、实验仪表设备

1．双踪示波器。

2．扫频仪。

3．频谱仪。

4．高频信号发生器。

5．高频毫伏表。

6．万用表。

7．TPE-TXDZ 实验箱。

六、实验步骤及测试方法

A．调频发射机的调整。

1．按照图 3.2.2 和图 3.2.3 的提示，分步骤正确地连接相关电路，即首先完成变容管调频器的连接，待调整好后，再进一步连接成调频发射系统。

2．参照实验《变容二极管调频振荡器》实验指导书，使电路输出为 10.7MHz 的正弦波。再将音频调制信号（1kHz）从 P4001 处输入，使输出成为载频为 10.7MHz 的调频波，观测调频信号频谱。

3．将该信号由 P4003 处输出，连接到上变频混频器的输入端（P2001），参照上节步骤 3、4 调整电路，值得注意的是：调整输出幅值时，频率会有少许变化，可调整 L4002 的磁芯。

注：利用 V_{CO} 频率调制器（NE564）产生的调频波信号，也可以作为及波信号，调整方法类似，此处不再赘述。

B．调频接收机的调整。

1．参考上个实验前端连接实验电路，将检波电路换成相位鉴频器。

2．用连接线将信号连接入解调电路（相位鉴频器）的输入端（P8001），在相位鉴频器的输出端（P8002）观察输出波形，应得到还原后的音频信号。

3．将解调信号接入低频放大器，可以调整 Rp1101，听喇叭的发音，测量解调信号波形，并和调制信号相比较。

注：对于 V_{CO} 产生的调频信号，与上述步骤相似，只不过解调电路要用 PLL 解调电路。

七、实验报告要求

1．画出调频发射机组成框图相关测试点的实测波形及频谱。

2．写出调试中遇到的问题，并分析说明。

实验三 高频小信号调谐放大器设计

一、实验目的

1. 掌握典型高频小信号单调谐放大器的构成，了解其参数近似计算方法。
2. 掌握调谐放大器的主要性能指标及调整测试。
3. 了解回路参数对谐振曲线的影响。
4. 掌握protel软件使用，了解高频电路布线的注意事项。

二、设计任务及要求

电源电压：+12V，工作频率：10.7MHz，带宽>1MHz，A_{uo}>20dB，三极管选用c9018，电感线圈采用中周散件绕制。输出负载75Ω。

三、设计流程

高频小信号调谐放大器应具备以下特性：

只允许所需的信号通过，即应具有较高的选择性（Q：选择性），具有一定的通频带宽度。

放大器的增益要足够大。放大器工作状态应稳定且产生的噪声要小。

除此之外，虽然还有许多其他必须考虑的特性，但在初级设计时，大致以此特性作考虑即可。基本步骤是：

1．确定电路形式。

根据题目要求，如增益大小来确定单级或多级，本次设计建议采用图3.3.1所示电路结构。

2．三极管的选择及直流偏置电路设置。

高频小信号放大器由于要求低噪声的原因，常采用FET取代高频三极管，为了购买方便，实验中仍然建议使用诸如9018高频三极管（保证f_T>>工作频率）。因小信号谐振放大器工作在甲类，为保证失真小，故应保证合适的静态工作点，一般选取I_{CQ}=1~2mA，为了保证工作点稳定，一般可选U_{BQ}=2~3V。

则$Re \approx (U_{BQ}–0.7)/I_{EQ}$=2.3V/2mA ≈1.2K，因此$Re$应选择于最接近1.2K标称值的电阻，$R_{7001}/R_{7002}$= 3，并要求流过$R_{7001}$，$R_{7002}$电流远大于流入三极管基极的电流（约5~10倍）。

由于9018的β值约为100左右，则流入三极管基极的电流约为0.02mA。

则$I_{7002} \approx$10*0.02mA = 0.2mA；

$R_{7002} \approx U_{BQ}$/0.2mA = 15kΩ；

$R_{7001} \approx$15*3 = 45kΩ；

为了便于调整静态工作点，R_{7001}可选择固定电阻可调电阻串联的形式。

3．并联谐振回路设置。

并联谐振回路设置首先涉及的就是电感的绕制，电感绕制可参考注释【1】，其对空心电感的绕制做出了详细的表格，为了保证电感有较大的Q值，空心电感的圈数不能太大（约5圈左右），值得注意的是，由于实验中采用中周散件完成电感制作，一般来说带磁芯的电感大小约为相同规格空心电感的5倍。注意实验中中周调整必须用无感起子。

　　输出负载75Ω，应进行阻抗变换，使其成为9018的最佳负载，根据设计电路，当三极管集电极最佳负载意思是：根据三极管共射输出特性曲线，以工作点位中心，上下对称有最大的动态范围。可确定$R_L \approx 1.2K$。

　　并联谐振回路电感和电容确定：

$$Q_L = f_0/BW = 10.7$$

$$Xc = R_L/Q_L = 112\Omega \Rightarrow C = 130pF$$

由 $f = \dfrac{1}{2\pi\sqrt{LC}}$ 可得La=1.7uH（要求电感线圈有较高的Q值，因此绕制线圈的圈数约小于5圈左右）。

　　由于最佳负载与输出负载不同，因此必须涉及阻抗匹配的变换问题，实验中可采用L型匹配电路形式，变化过程如下图：

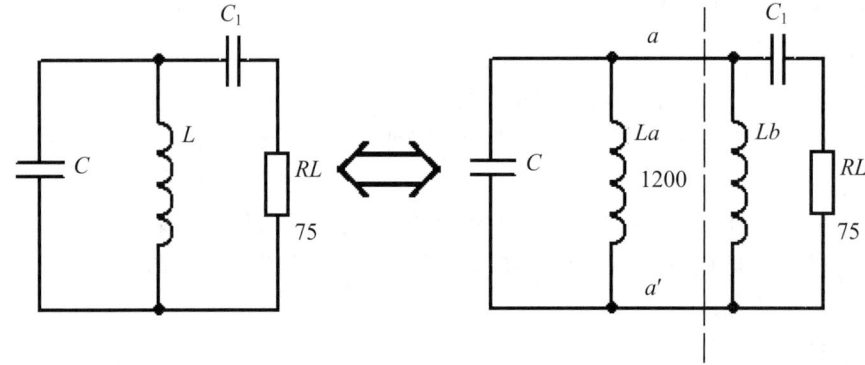

图 3.3.1　输出阻抗变化示意图

　　由上图计算出Lb和C_1的值，阻抗匹配计算过程请参考注释【1】。

　　4．仿真分析。

　　在multisim10中完成仿真分析，优化元器件参数。

　　5．制作及验收。

　　根据上述设计及仿真完成高频小信号调谐放大器制作，提供protel原理图及PCB，实物及相关数据测试。

　　6．参考电路。

　　参考第二章实验一的电路。

四、实验仪表设备

1．双踪示波器。

2．扫频仪。

3．频谱仪。

4．高频信号发生器。

5．高频毫伏表。

6．万用表。

7．TPE-TXDZ 实验箱。

五、实验报告要求

1．设计及计算过程。
2．仿真分析结论及实物测试数据，比较仿真和实物测试的差异。
3．本次实验中未考虑到输入匹配问题，若假设输入电阻均为75Ω，应如何设计？
4．心得体会。

六、注释

【1】王卫东. 高频电子电路（第2版）. 北京：电子工业出版社，2009
【2】罗杰. 电子线路设计·实验·测试（第4版）. 北京：电子工业出版社，2008

实验四 LC 正弦波振荡器的设计

一、实验目的
1. 掌握正弦波振荡器的基本设计、分析和测试方法。
2. 掌握晶体管（振荡管）工作状态、反馈大小对振荡幅度与波形的影响。
3. 了解外界因数、元器件参数对振荡器工作稳定性及频率稳定性的影响。

二、设计任务及要求
电源电压+12V，振荡频率 10.7MHz 频率稳定度 $\Delta f_0 / f_0 = 1 \times 10^{-3}$。
输出电压幅度 U_{om} =1V（R_L=1k）。

三、设计流程
设计振荡器电路时，应注意下列特性：
频率稳定度
振荡电路的特性优劣取决于频率稳定度，因此应考虑引起频率变动的因素。
- 频率：随时间变化。
- 频率温度系数，相对于温度变化的频率变化，以 ppm/℃表示。
- 频率稳定性：电源电压变化，电源电压变化时的频率变化，以%/V 表示。

输出电平稳定度
表示输出电平对时间、温度、电源电压的稳定度。
振荡波形失真
表示作为正弦波输出的失真率。

1. 确定电路形式。

LC 振荡器一般工作在几百千赫兹至几百兆赫兹范围，振荡器电路主要根据工作的频率范围、波段宽度及频率稳定度的要求来选择。在短波范围，电感反馈振荡器和电容反馈振荡器都可以采用，电感三点式振荡器常用于频率较低的场合，频率稳定度常在 $10^{-3} \sim 10^{-4}$ 量级；而在频率较高的情况下常选用电容三点式振荡器。根据实验要求，振荡器电路可采用克拉泼电路或西勒电路结构；若负载直接接入振荡器的输出，则振荡频率和输出电压将随负载变化而变化，所以需采用缓冲放大器连接与负载，减小负载对振荡器电路的影响，缓冲放大器采用高输入阻抗的射级跟随器，对振荡器电路影响小。

2. 晶体管的选择。

从稳频的角度出发，应选择特征频率 f_T 较高的三极管，这样三极管内部相移较小，一般选择 f_T 大于 5～10 倍的最高工作频率 f_{max}；同时希望电流放大系数 β 大些，这样振荡器既容易振荡，也便于减小三极管和回路之间的耦合。

3. 静态工作点设置。

从本质上来看，振荡器和小信号调谐放大器是一致的，其静态工作点的设置是相似的；其估算过程请参考上一个实验，但也有其特点，为了保证振荡器起振的振幅条件，起始工作点应设置在线性放大区，从稳频的角度出发，稳定状态应位于截止区，而不是饱和区，

否则回路的 Q 值将降低，通常将三极管的静态偏置点设置在小电流区，电路采用自偏压。

对于一般小功率的 LC 振荡器，静态工作点要远离饱和区，靠近截止区。根据电路和电源电压的大小，射级电流一般取 1～3mA。在偏置参数设定时，在可能的条件下发射极偏置电阻应大一些。

4．振荡回路参数选择。

振荡回路参数选择主要根据满足振荡频率，满足起振条件并有足够的振荡幅度和规定的频率稳定度等加以考虑。从频率稳定度的角度来看，回路电容应选择尽可能大，有利于减小三极管极间电容的影响，但 C 过大则不利于波段工作；电感 L 也应尽可能大，但 L 大后，体积大，分布电容大，因此应合理选择 L，C。

在短波范围，C 一般取几十到几百皮法，L 一般为 0.1 到几十微亨。克拉泼振荡电路中与电感串联的电容应小，有利于提高频率稳定度。

为了解决频率稳定度和振荡幅度的矛盾，常采用部分接入方式。为了保证振荡器有一定的稳定幅度及起振容易，反馈系数一般设置为 0.1～0.5 之间。

4．仿真分析。

在multisim10中完成仿真分析，优化元器件参数。

5．制作及验收。

根据上述设计及仿真完成 LC 振荡器电路设计制作。

6．参考电路。

参考第二章实验三的电路。

四、实验仪表设备

1．双踪示波器。

2．扫频仪。

3．频谱仪。

4．高频信号发生器。

5．高频毫伏表。

6．万用表。

7．TPE-TXDZ 实验箱。

五、实验报告要求

1．设计及计算过程。

2．仿真分析结论及实物测试数据，比较仿真和实物测试的差异。

3．采取哪些措施可提高频率稳定度？

4．设计完成的振荡电路，若用场效应管取代三极管是否可行？试完成电路设计，比较原电路和新设计电路的优缺点。

5．为什么起振后的直流工作点不同于停振时的静态工作点？ICQ对振荡器特性有何影响？

六、注释

何希才译．振荡电路的设计与应用．北京：科学出版社，2006

实验五 晶体振荡—混频器设计

一、实验目的
1. 综合应用已学通信电子电路课程的知识。
2. 掌握高频振荡器和高频混频器的设计、制作与调试。
3. 了解混频器中的寄生干扰。

二、设计任务及要求
电源电压 +6v，17.73MHz晶振，接收频率（点频）：11.23MHz，本振频率：17.73MHz，混频输出（中频）：6.5MHz

三、设计流程
变频电路由本机振荡器、混频器和选频回路三部分组成（参考下变频混频器实验），其方框图如图 3.5.1 所示。

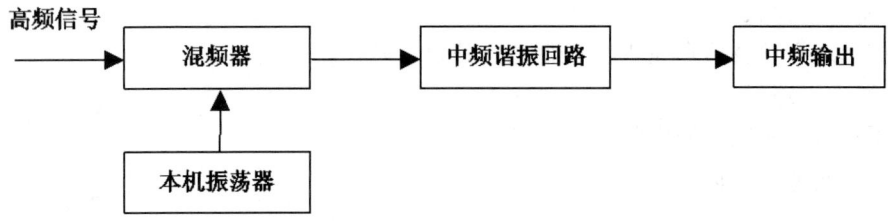

图 3.5.1 下变频原理框图

由上述可知，需完成内容：
- 晶体振荡器设计制作（本振）

晶体振荡器和LC振荡器有一定的相似性，此处不详细说明，参考实验四和其注释，完成电路设计。

- 下变频混频器电路设计制作

混频器电路指标要求：
①变频增益要大，失真要小。
②噪声系数要小（混频器的噪声对后级有较大的影响）。
③选择性要好，阻抗匹配，电路能够稳定工作。

1．确定电路形式。

混频器电路可采用的形式：①模拟乘法器构成的混频电路，具有电路结构简单，性能稳定的优点，但价格较高。②三极管构成混频电路，价格便宜，电路简单，但调试稍微困难。③二极管构成混频器电路，增益小，调试困难。

综合各种因数，选个三极管混频器电路结构，高频信号从三极管的基极输入，本振信号从三极管的发射极注入方式。该电路的特点：信号相互影响小，但要求本振信号输入电压大，以便使三极管工作于非线性区域，实现频率变化。

2．三极管选择及静态工作点确定。

为了使三极管在大信号的作用下进入非线性工作区，静态工作电流 I_{CE} 不能太大，否则非线性作用消失，混频增益将大大降低，但 I_{EQ} 也不能太小，一般取 $I_{EQ}=0.3\sim0.5\text{mA}$ 左右。

3．仿真分析。

在multisim10中完成仿真分析，优化元器件参数。

4．制作及验收。

根据上述设计及仿真完成LC振荡器电路设计制作。

5．参考电路。

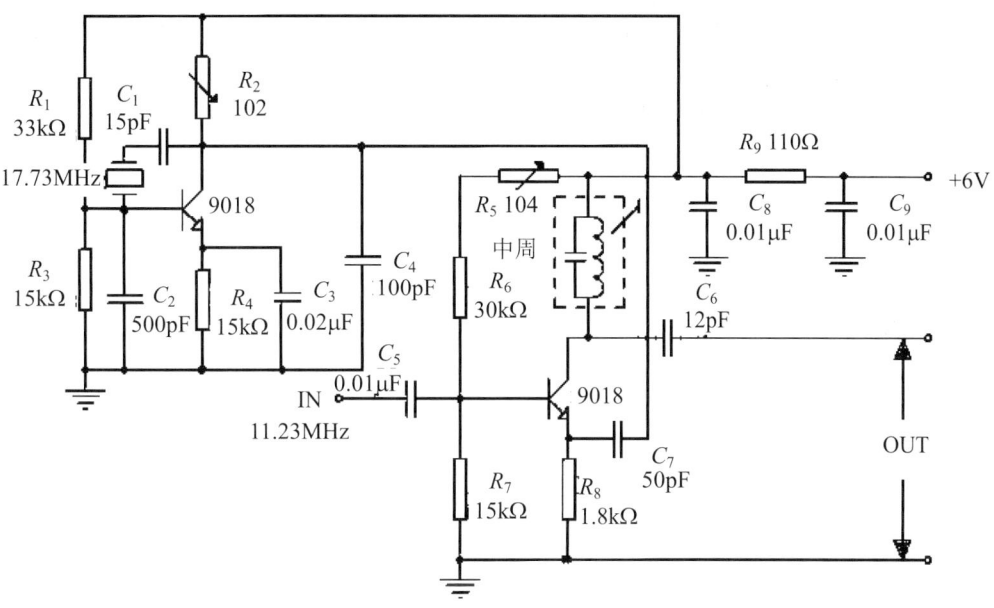

图 3.5.2　参考电路

6．测试步骤。

1）焊接好电路板后，首先检查是否存在虚焊（重要），三极管及中周是否连接正确。

2）先调整本振部分，即先保证振荡器起振，若振荡，集电极输出大约几百毫伏正弦信号；若不振荡，检查元件是否有连接错误（注：可调电阻 R_2 可能损坏），测试三极管静态工作点。

3）混频级的调整：调节 R_5 使 $V_b=0.5\sim0.6\text{V}$，$V_e=0.02\sim0.03\text{V}$，$V_c=3.9\text{V}$ 左右，保证三极管工作于非线性区域，否则不能实现混频功能。

4）输入端输入频率为 11.23MHz、峰峰值为 100～200mV 的正弦信号，输出信号频率约为6.5MHz 左右差频信号，调节中周使输出信号幅度最大（注：调节中周应使用无感起子），若输出的频率等于输入的频率时，说明没有差频，应回到步骤 2 检查本振部分。

四、实验仪表设备

1．双踪示波器。

2．扫频仪。

3．频谱仪。

4．高频信号发生器。

5．高频毫伏表。

6．万用表。

7．TPE-TXDZ 实验箱。

五、实验报告要求

1．设计及计算过程。

2．仿真分析结论及实物测试数据，比较仿真和实物测试的差异。

3．采取哪些措施可提高频率稳定度？

4．设计完成的振荡电路，若用场效应管取代三极管是否可行？试完成电路设计，比较原电路和新设计电路的优缺点。

5．比较 LC 振荡器和晶体振荡器的优缺点。本振是否能够采用 LC 振荡器，试说明理由。若采用，说明对整个混频器电路的影响。

六、注释

何希才译．振荡电路的设计与应用．北京：科学出版社，2006

实验六 高频丙类功率放大器设计

一、实验目的
1．进一步了解高频丙类功率放大器的工作原理。
2．掌握高频谐振功率放大器的设计方法。
3．培养综合设计与实验能力。

二、设计任务及要求
电源电压+12V，中心频率 40.7MHz，输出功率度 $P > 200$mW（$RL = 50\Omega$），$\eta_c > 60\%$。

三、设计流程

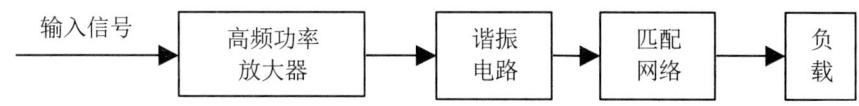

图 3.6.1 高频功率放大器原理框图

设计高频功率放大器一般按照以下几个步骤进行。

1．画出设计电路，选择合适的直流馈电电路。大多数功率管手册中都给出了推荐的工作类型以及相应的工作电流。手册中给出的晶体管的各项参数均在给定的工作点下测得，当工作点改变时，增益、阻抗、甚至晶体管的寿命都会变化，因此应按给定的要求设置偏置。

2．选择合适的晶体管。选择晶体管的依据是工作频率和输出功率。晶体管的特征频率 f_T 不宜选得过高。因为一般都是通过减少晶体管的面积，减小了极间电容来提高其工作频率的，面积的减少，意味着安全功耗值降低。

3．确定放大器的系数。由手册中给出的输出功率——输入功率关系曲线，输出功率——电源电压关系曲线，输出功率——频率变化曲线，根据输出功率，查出在规定的工作频率和电源电压的条件下所需的输入功率，初步计算出功率增益。当增益不够时，可采用多级放大。

4．设计阻抗变换网路。查出晶体管在给定的工作频率，电源电压以及输出功率条件下晶体管的输入阻抗 Zin 和输出阻抗 Zol（它们一般以串联形式给出）。根据阻抗变换及对谐波的抑制等要求，设计输入/输出网路。输出阻抗变换网路的 Q 值不宜太高。主要原因是，太高的 Q 值会使流经回路电感和电容的电流增大（是信号源电流的 Q 倍），这必会增大了损耗；其次低的 Q 值有利于提高放大器的稳定性，因此即使要求窄带放大时，输出回路的 Q 值一般不超过 5。但低 Q 又降低了回路的滤波性能，在 C 类非线性放大器中，当对滤波性能要求较高时，可以采用多级网路级连。

5．安装放大器。必须指出，以上只是指导性的，必须经过反复调试，才能达到指标要求。

根据要求，采用2级放大的电路形式；激励级放大电路+丙类功放级放入电路，二极管选择c9018+c2053。

激励级电路参考小信号调谐放大器内容；功放级电路设计流程如下：

电路设计与参数计算。

1．丙类功率放大器相关参数设计。

①由 $C2053$ 的参数，晶体管饱和电压为 $VCES(sat)=1V$，设输出功率为 $Po=200mW$，则

$$R_P = \frac{(Vcc-Vces)^2}{2P_0} = 303\Omega$$

由于 Rp 不等于 RL，所以必须用阻抗变换网络。

输出阻抗变换与小信号调谐放大器输出匹配电路结构一样，请参考图3.3.1和《射频通信电路》（477页）完成输出阻抗变换网络设计，可采用其他阻抗匹配电路。

②工作于丙类状态三级管集电极扼流电感线圈的电抗值应远大于放大器的等效交流阻抗；实验中为了简化电路，基极馈电偏置方式采用信号偏置方式。

2．驱动级电路设计。

参考小信号调谐放大器设计。

3．仿真分析。

在multisim10中完成仿真分析，优化元器件参数。

4．制作及验收。

根据上述设计及仿真完成LC振荡器电路设计制作。

5．参考电路。

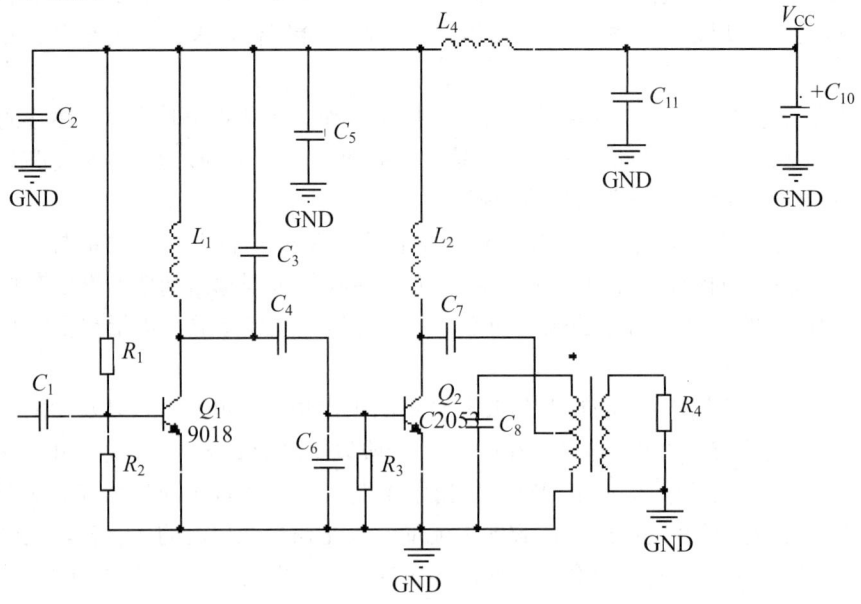

图 3.6.2　高频功率放大器参考电路

四、实验设备及仪器

1．双踪示波器。

2．扫频仪。

3．频谱仪。

4．高频信号发生器。

5．高频毫伏表。

6．万用表。

7．TPE-TXDZ 实验箱。

五、实验报告要求

1．完整设计及计算过程。

2．总结在功率放大器中对功率放大晶体管有哪些要求？

3．记录电路调整中故障现象，故障排除的方法。

六、注释

【1】何中庸译．高频电路设计与制作．北京：科学出版社，2006

【2】陈帮媛．射频通信电路．北京：科学出版社，2006：477

第4章 仿 真 实 验

实验一 LC并联谐振回路仿真分析

一、实验目的

1．学习 multisim10 软件使用。
2．熟悉 multisim10 中虚拟仪器的使用方法。
3．理解 LC 并联谐振回路的基本特性。

二、实验内容

1．创建实验电路。

在电路窗口创建如图 4.1.1 所示电路（为了与实验系统中频匹配，谐振频率设置为 10.7MHz）。

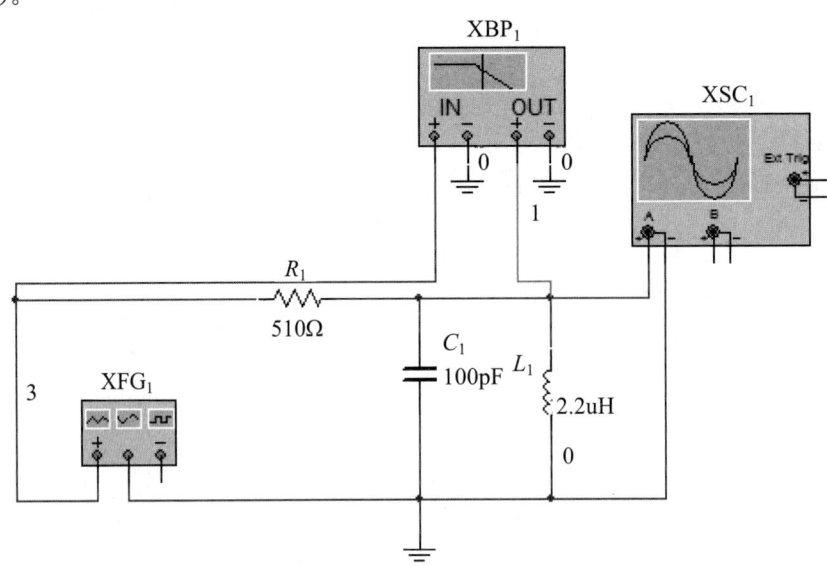

图 4.1.1 LC 并联谐振回路仿真电路

2．回路调谐。

由于信号源的频率设置为 10.7MHz，实验中建议通过微调电感的大小完成调谐的过程（调整电感方便且与实际情况相符合），记录谐振时输出电压 $Vpp=$ _____。

3．幅频特性测试。

幅频特性的测试可采用点频法和频谱仪测量方式。

1）点频法：通过改变输入信号的频率，测量输出信号的大小，记录数据填入表 4.1.1。

表 4.1.1

f（MHz）	$fL0.1$	…	$fL0.7$	…	f_0	…	$fH0.7$	…	$fH0.7$
f									
Vpp									

2）如图 4.1.2 设置波特图仪参数，观测幅频特性和相频特性。测试出通频带及矩形系数。

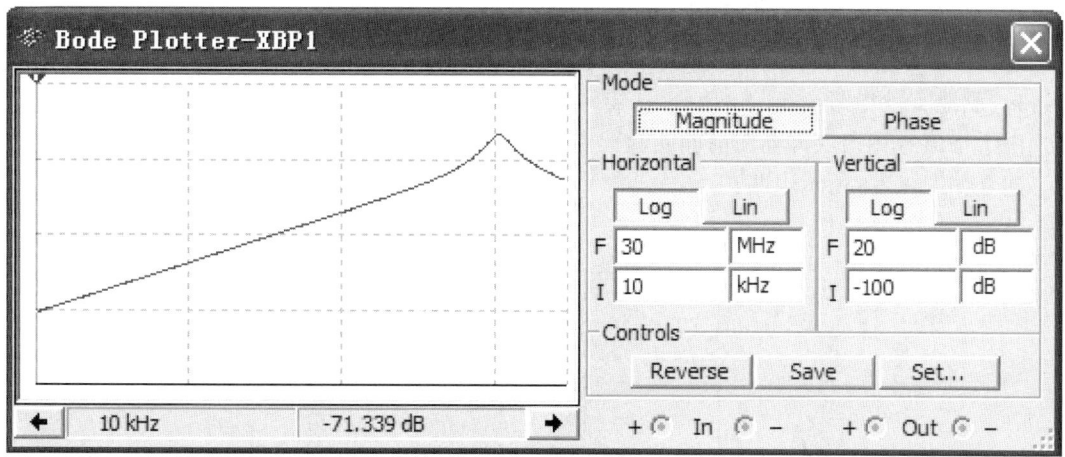

（a）幅频特性曲线

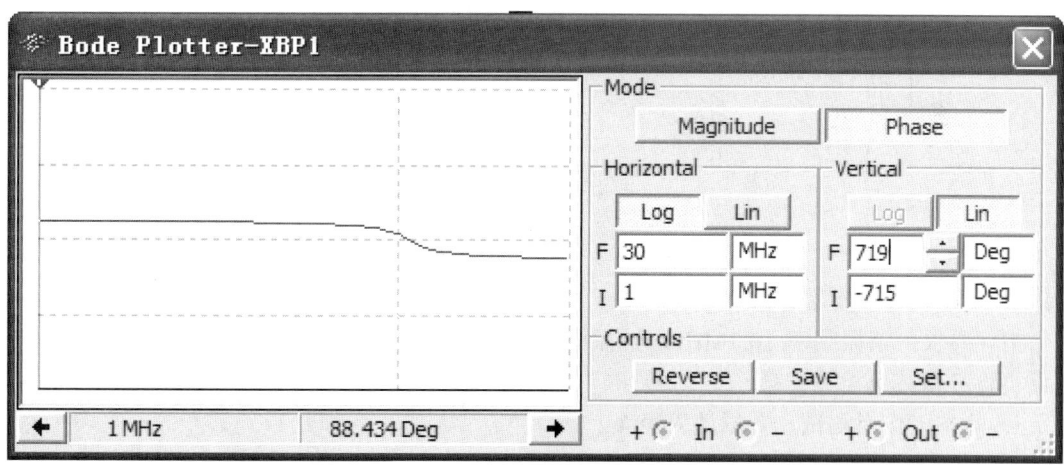

（b）相频特性曲线

图 4.1.2 LC 并联谐振回路幅频特性和相频特性曲线

4．实验小结。

（1）LC 并联谐振回路并联一个电阻，观测幅频特性变化情况。

（2）综述 LC 谐振回路在高频电路中的应用。

实验二　高频小信号谐振放大电路仿真分析

一、实验目的

1．了解和掌握典型高频小信号单调谐放大器的构成。

2．了解和掌握谐振放大器幅频特性曲线（谐振曲线）的绘制及通频带 BW 及矩形系数的测量。

3．研究谐振回路的并联电阻 R 对通频带及选择性的影响。

二、实验内容及要求

1．创建实验电路。

由于小信号调谐放大器在前面实验已有详细说明，此处不再赘述。

建立如图 4.2.1 所示电路。

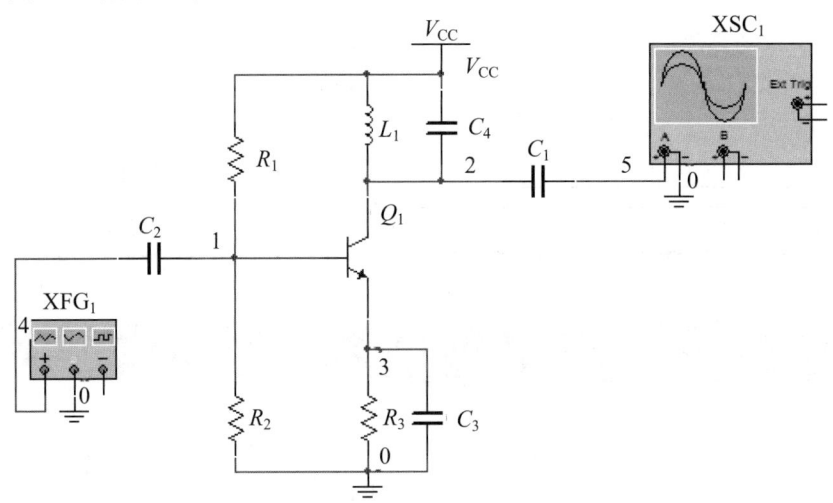

图 4.2.1　小信号调谐放大器仿真电路

2．电路设计及参数计算。

指标要求：谐振频率 10.7MHz，谐振电压放大倍数大于 30；参数设计及计算，参考第三章实验三和其他相关资料。

3．静态工作点测试，数据填入表 4.2.1。

表 4.2.1　静态工作点测试

实　　　测				根据 V_{CE} 判断 V 是否工作在放大区		原因
V_B	V_E	I_C	V_{CE}	是	否	

放大区应满足的条件：V_{BEQ} 即 $V_{BQ}-V_{EQ}\approx 0.6\text{V}\sim 0.7\text{V}$，$V_{CEQ}$ 即 $V_{CQ}-V_{EQ}$ 应大于 1V 且小于电源电压

4．电压增益测量。

在调谐放大器对输入信号已经谐振的情况下，用示波器探头在输入端和输出端分别观测输入和输出信号的幅度大小，则 A_{v0} 即为输出信号与输入信号幅度之比。

5．幅频特性测试。

参考 *LC* 并联谐振回路仿真实验完成幅频特性参数测试。

6．仿真小结。

（1）比较静态工作点的测量值与理论估算值并分析差异的原因。

（2）验证静态工作点变化对调谐放大器的影响。

（3）并联谐振回路并联电阻时对放大器的影响。

实验三 高频丙类功率放大电路仿真分析

一、实验目的

1. 通过实验，加深对于高频丙类功率放大器工作原理的理解，了解和掌握丙类谐振功率放大器的构成方法。

2. 熟悉丙类功放的工作特点及调整方法。

二、实验内容及要求

1. 创建实验电路。

建立如图 4.3.1 所示的仿真电路。

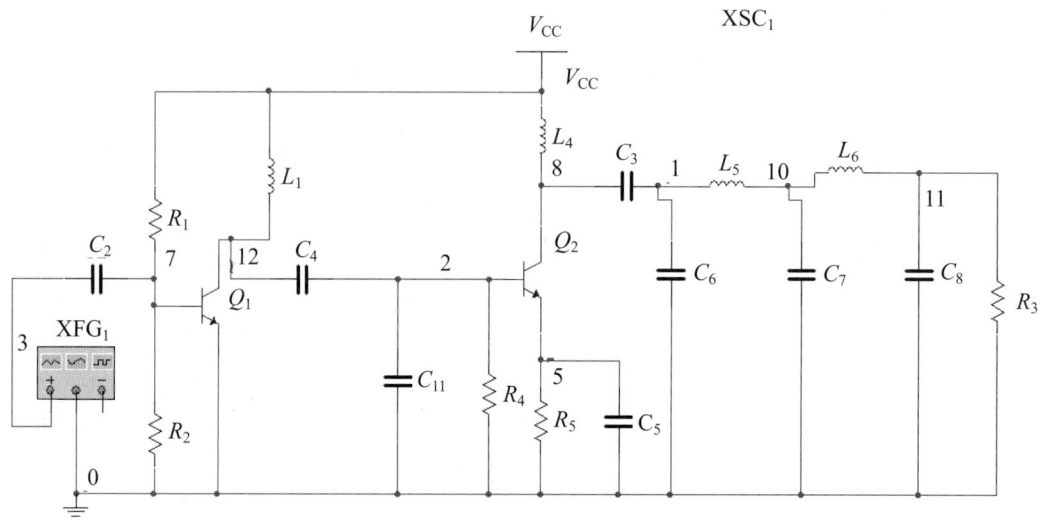

图 4.3.1 高频丙类功率放大器仿真电路

2. 测试高频谐振功率放大器的激励特性。

测试条件：E_C=12V，f_0=40.7MHz；U_{bm} 为三极管工作于丙类状态三极管 $Q2$ 的输入信号；改变输入信号幅度，使 U_{bm} 由 1Vpp 开始，以 1V 为阶步进，观测负载处输出信号；并根据测试数据绘制出 U_{bm} -U_o 特性曲线。

表 4.3.1 激励电压与输出电压据

U_{bm}（V_{PP}）	1	2	3	4	5	6
U_o（V_{PP}）						
I_C（mA）						

3．测试集电极调制特性。

表 4.3.2　集电极调制特性实验记录表

V_{CC}（V）	6	7	8	9	10	11	12
U_o（V_{PP}）							
I_C（mA）							

4．测试高频谐振功率放大器的负载特性。

信号源的输出频率调整为 40.7MHz，使负载电阻 50Ω接入电路。调整信号源输出幅度，使电路处于最佳状态（即临界或微过压状态），记录此时的输出信号，集电极电流，并记录。

表 4.3.3　负载与输出电压实测数据

R_L（Ω）	实测数据			计算结果		
	I_{CO}（mA）	$V_{L(P-P)}$（V）	V_{CC}（V）	P_S（mW）	P_L（mW）	η（%）
50						

5．仿真小结。

（1）说明电源电压、输出电压、输出功率的相互关系。

（2）对实验参数和波形进行分析，说明输入激励电压、负载电阻对工作状态的影响。

（3）丙类功放输出匹配电路采用并联谐振回路，试计算参数并仿真验证。

实验四 LC 振荡器电路仿真分析

一、实验目的

1．熟悉改进型电容三点式振荡器（克拉泼电路）的电路特点、结构及工作原理。
2．熟悉晶体管（振荡管）工作状态、反馈大小对振荡幅度与波形的影响。
3．熟悉振荡回路 Q 值对频率稳定度的影响。

二、实验内容及要求

1．创建实验电路。

建立如图 4.4.1 所示的仿真电路

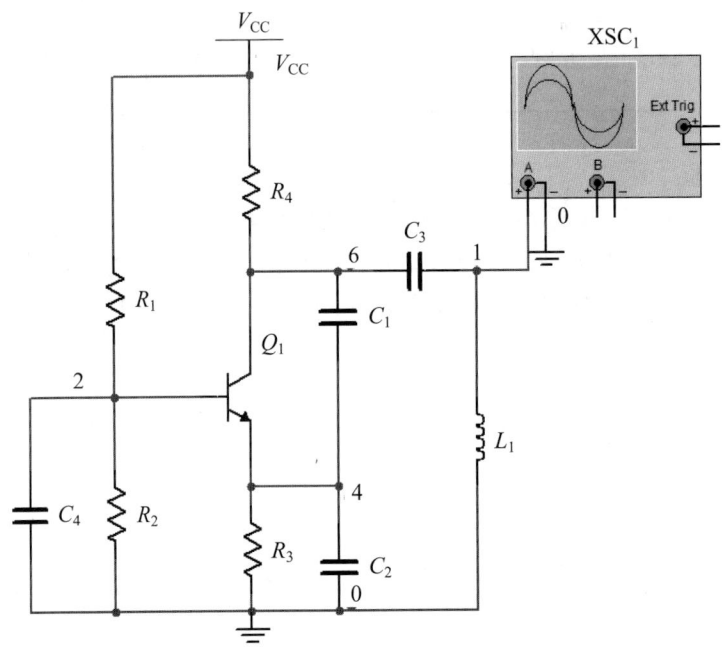

图 4.4.1 LC 电容三点式振荡器电路

2．静态工作点测试。

改变静态偏置，观测振荡器的振荡频率、幅度和波形的变化情况，并记录数据；根据测试数据设置最佳的静态工作点。

3．反馈系数测试。

观测反馈系数变化对振荡信号频率、幅度和波形的影响，并记录数据；根据测试数据设置合适的反馈系数。

4．观测负载变化对振荡器的影响。

观测负载变化对振荡信号频率、幅度和波形的影响。

5．改变 C_3 的大小，测量振荡器的频率变化范围。

6．仿真小结。

（1）C_3减小到一定程度，振荡器可能停振，试说明原因。

（2）反馈系数太大对振荡器有什么影响？

（3）改变电源电压对振荡器的影响。

（4）选择参数构建西勒电路，完成上述实验内容。

（5）采用克拉泼电路形式，实现调频振荡器，试仿真实现。

实验五　DSB 调幅及同步检波电路仿真分析

一、实验目的

1. 了解 DSB 信号产生的基本原理。
2. 了解同步检波电路工作的基本原理。
3. 了解模拟乘法器 MC1496 的工作原理及设计方法及用模拟乘法器 MC1496 构成调幅电路的方法。

二、实验内容及要求

1. 创建实验电路。

首先构建 MC1496 的内部电路，如图 3.5.1 所示，然后生成模块电路，构建 DSB 信号调制电路，如图 3.5.2 所示。构建同步检波电路，如图 3.5.3 所示。

调幅电路及同步检波电路相关电路参数，请参考 MC1496 数据手册设置，需要特别注意的问题：MC1496 的 2、3 引脚连接电阻，引脚 5 对地电阻的大小及其作用。

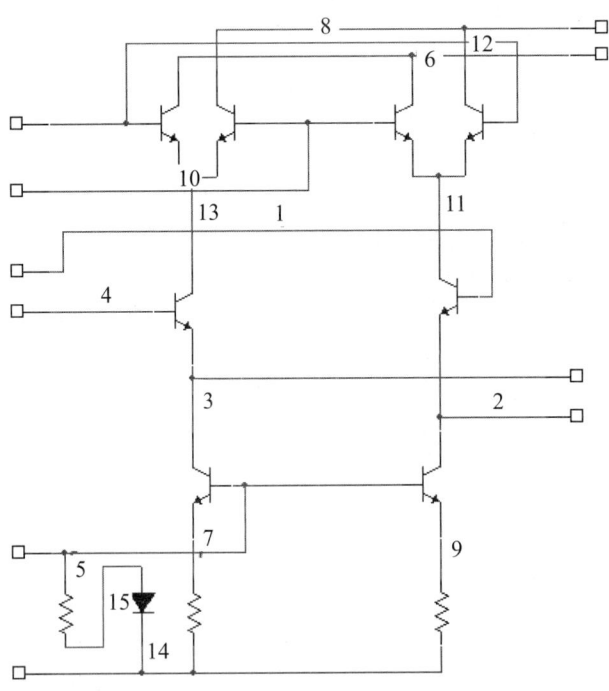

图 3.5.1　MC1496 内部电路结构

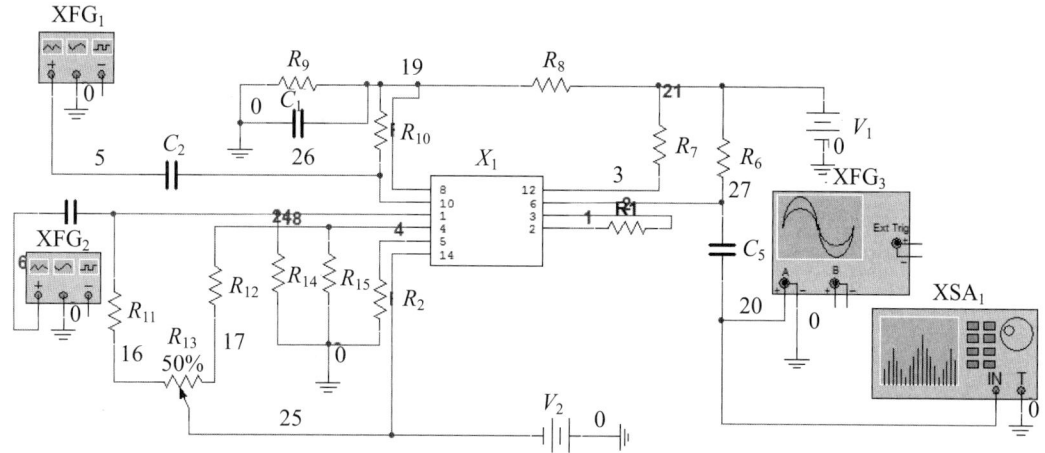

图 3.5.2　DSB 信号产生电路

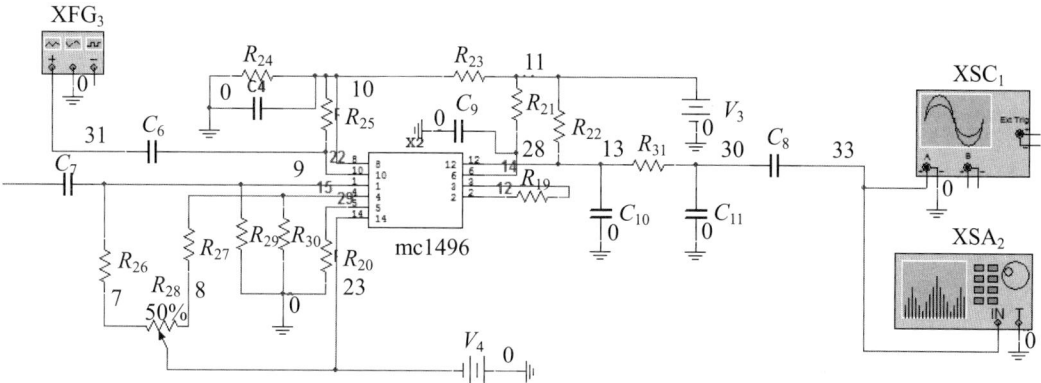

图 3.5.3　同步检波电路

2．DSB 调幅电路仿真分析。

（1）改变电路 3.5.2 中 R_{15} 大小，观察已调波形变化情况，填入表 3.5.1。

表 3.5.1　R_{15} 对已调波形影响

R_{15}	100	1k	3k	5k	7k	10k
已调波形变化						

（2）改变电路 3.5.2 中 R_{19} 大小，观察已调波形变化情况，填入表 3.5.2。

表 3.5.2　R_{19} 对已调波形影响

R_{19}	10	100	500	1	5k	10k
已调波形变化						

（3）保持载波信号大小不变，增加调制信号幅度，观测已调波形及频谱变化情况。请列表记录实验现象。

（4）保持调制信号大小不变，增加载波信号幅度，观测已调波形及频谱变化情况。请列表记录实验现象。

（5）可试着改变图 3.5.2 中其他元件参数，观察已调信号变化情况。

（6）将幅度调制和解调实验进行联合调试验，进一步了解振幅调制和解调全过程及整机调试方法。

3．仿真小结。

（1）分析 $MC1496$ 内部三极管工作于小信号放大状态原因；分析静态电流过大或过小时对由 $MC1496$ 构成调幅电路的影响；分析负反馈电阻过大或过小时对 $MC1496$ 构成调幅电路的影响。

（2）若用图 3.5.2 所示电路实现 AM 调制，电路应如何调整？

（3）如何用二极管实现调幅电路？试验证。

附录　主要实验仪器使用介绍

（1）TFG3150L DDS 信号源使用

TFG3150L DDS 信号源使用较为简单，下面仅做简略介绍。

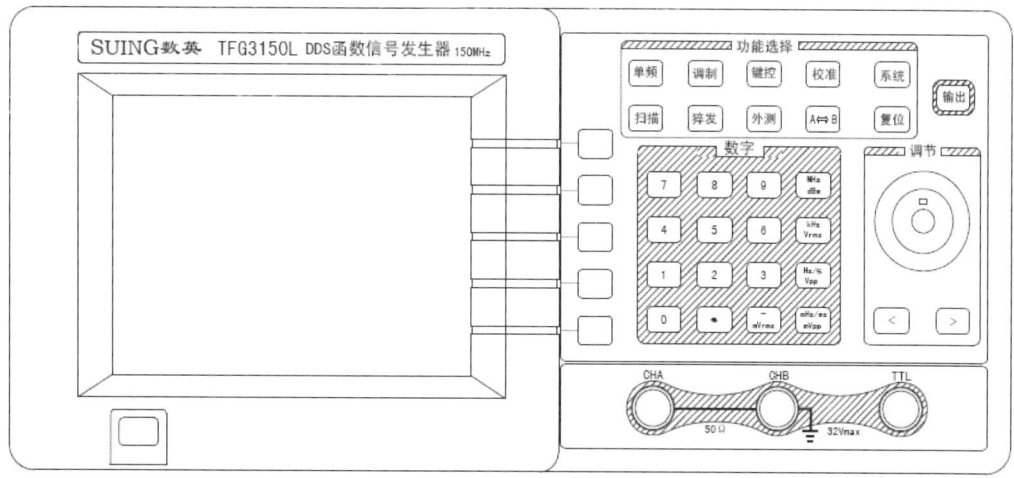

图 1.1　信号源面板

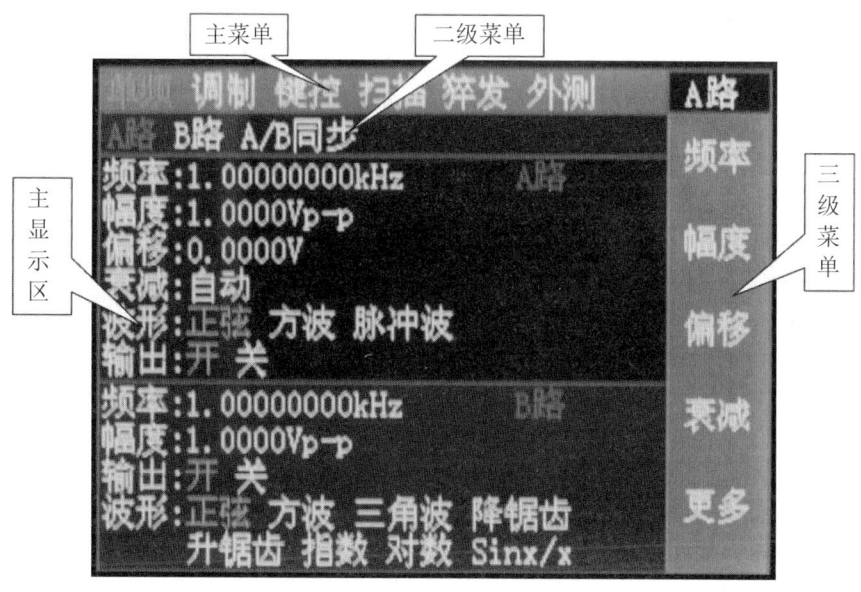

图 1.2　显示区功能示意图

主菜单显示区显示仪器的六种主要功能，有单频、调制、键控、扫描、猝发、外测，表示信号源能够输出上述信号；二级菜单显示区显示六种功能下的子功能，不同功能有不同的二级菜单；三级菜单显示区显示每种功能的可调整功能，不同功能有不同的三级菜单，设置相应信号参数。主显示区显示仪器当前的工作状态。

操作解释

反亮显示：菜单在正常显示时为蓝底白字，反亮显示时为白底篮字，若想反亮显示某一选项，则按与此菜单项对应的子菜单键，若此菜单项不能反亮显示表示此菜单项不能调整。

菜单翻页：当某一三级菜单可调整项大于五项时，在三级菜单有一'更多'键，按此键可实现菜单的翻页功能，显示三级菜单的下一页调整项。

调整：当某一菜单处于反亮显示时表明此菜单项可以调整，调整方法有三种，调节旋钮、按键<或>、用数字键盘输入数值，以上三种方法可能都有效，也可能只有一种方法有效，这将视菜单的不同而不同。

仪器使用注意事项：A、B 路输出具有过压保护和过流保护功能，输出端短路几分钟或反灌电压小于 32V 时一般不会损坏，但应尽量防止这种情况的发生，以免对仪器造成潜在的损伤。

（2）数字频率特性测试仪使用

SA1030 数字频率特性测试仪的特点、测试前的准备和测试方法。

SA1030 数字频率特性测试仪是采用直接数字合成技术（DDS），利用快速数字处理器（DSP）和大规模可编程逻辑控制器（CPLD）进行控制的全数字电路频率特性测试仪，扫频范围为 20Hz～30MHz。除操作方便、显示清晰、低功耗（小于 60W 的特点之外，最主要的是该仪器的信号输入端口采用了 50Ω阻抗和高阻输入两种工作方式，大大拓宽了该仪器的适用范围，除输入/输出阻抗为 50Ω匹配负载的电路之外，还特别适用于放大器、有源滤波器、RC、RL、RLC 选频网络等一般有源、无源四端网络的频率特性测试。

该仪器的另一个特点是低频范围宽。最低频率可以设置为 20Hz，幅频特性的保精度测量下限频率为 500Hz，所以可以满足音频范围的频率特性测试，特别适合于大学实验室的实验教学。这是其他型号的频率特性测试仪很难做到的。

当 SA1030 数字频率特性测试仪设置为"点频"状态时，其输出信号是一个频率和幅度可以任意设置的正弦波，因此该仪器也可以作为正弦波信号源使用。

1. 面板介绍

SA1030 数字频率特性测试仪的面板如图 2.1 所示。除电源开关和显示屏外，共有五个菜单项目选择键（位于显示屏的右侧，垂直排列，键面上没有文字标识，为了叙述方便，现从上到下依次把键号编为 C_1～C_5），八个功能选择键（频率、光标、系统、程控、增益、显示、校准、存储），三个单次功能键（单次、开始/停止、复位），十六个数字键（0、1、2、3、4、5、6、7、8、9、dB、MHz、kHz、Hz、•、-/←），两个调节键（∧、∨和一个调节手轮）。另外还有三个 BNC 插头，分别是 SYNC（同步输出，测量时一般不用）、OUT（输出）、IN（输入）。

利用这些操作键和输入/输出插头，即可方便地完成被测电路的频率特性分析。

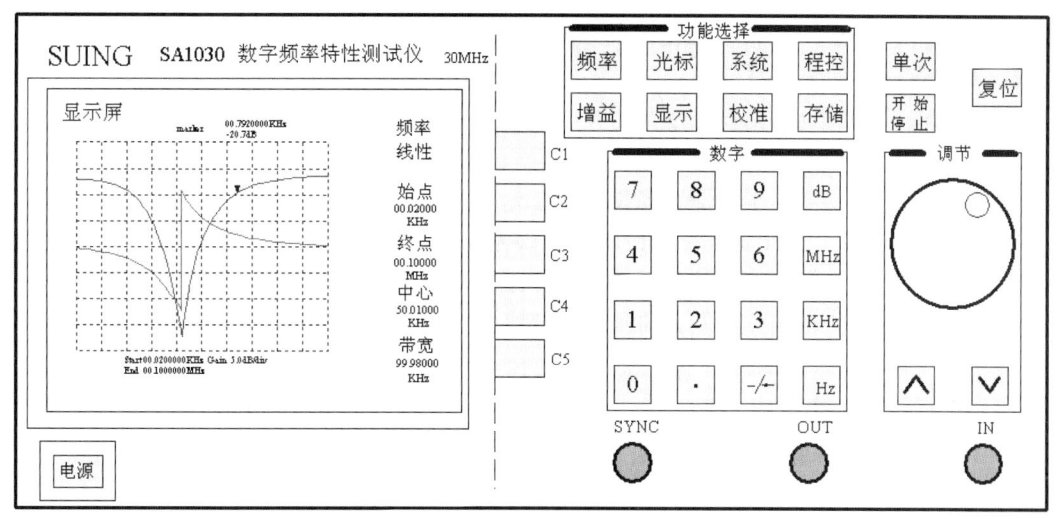

图 2.1 SA1030 频率特性测试仪操作面板

2．测试前的准备、校准和接线。

（1）预热和准备校准。

按下面板左下角的电源开关，接通 220V 交流电源，测试仪就开始初始化。为了保证测量的准确性，一般应让仪器预热 10～30 分钟，待机内的频率基准工作稳定后进行校准，然后才能进行精确测量。

在测试过程中，如果改变了输出频率的范围（始点频率和终点频率），要重新进行校准。校准前应首先设置频率范围、输出/输入增益和测试仪输入阻抗，具体操作如下：

①进入频率菜单和设置频率范围

频率菜单包括"频率线性""频率对数""频率点频"三种状态，在"频率线性"状态下显示屏的横坐标为线性显示方式，共显示"始点频率""终点频率""中心频率"和"带宽"四组数据，设置参数时由 C_2～C_5 四个键分别选定。在"频率对数"状态下，显示屏的横坐标为对数显示方式，只有始点频率和终点频率，设置参数时由 C_2 和 C_3 键分别选定。在"频率点频"状态下，测试仪的输出是单一正弦波，频率为设定值，故只显示一个"频率"值，由 C_2 键选定后设置参数。

"频率对数"和"频率点频"菜单的进入和设定方法与"频率线性"相同。这里仅介绍"频率线性"菜单的进入和设定方法。

按一下面板上功能选择栏内的 频率 键即可进入频率菜单。接着按 C_1 键使显示屏显示"频率线性"菜单（"频率"二字的下方呈现"线性"二字，并呈现反白）即可。

SA1030 数字频率特性测试仪的工作频率范围为 0.02～0.1MHz 和 0.1～30MHz 两档。当始点频率设定值在 0.02～4.999kHz 时，终点频率只能在 0.1MHz 内设置，始点频率设定值≥500kHz 时，终点频率可在 0.525～30MHz 范围内设定。

应当注意，始点频率和终点频率之间的差值必须大于或等于 250Hz，否则测试仪将自动将差始设定为 250Hz，例如：将始点频率设为 0.5kHz 之后，如将终点频率再设为 0.51kHz，则测试仪会自动将始点频率改成 0.26kHz。如这时再把始点频率改成 0.5kHz，则终点频率又会自动修改为 0.75kHz。

如果始点频率和终点频率之差低于 20Hz，或（30MHz－始点频率）≤250Hz，则操作无效，测试仪保持原来的设置值。

设定频率范围的具体操作方法如下：

A．设定始点频率：依次按 C_2 键、数字键（含 · 键）和 MHz（或 kHz、Hz 键）即可。

要注意的是本仪器的下限测量频率为20Hz，上限测量频率为30MHz，如果始点频率设定值小于 20Hz 或大于（30MHz－250Hz），则设定无效，仪器保持原有的始点频率值。另外，在进行校准时，始点频率设定值如果小于 500Hz，则 500Hz 以下频率段的校准结果是不可靠的（大于 500Hz 的频率段仍然是可靠的）。测量时 500Hz 以下频率段的曲线只能作为定性分析之用。

B．设定终点频率：依次按 C_3 键、数字键（含 · 键）和 MHz（或 kHz、Hz 键）即可。

同样要注意终点频率设定值必须大于（20+250）Hz 或小于 30MHz，否则设定无效。始点频率和终点频率设定之后，中心频率和带宽显示值就会自动设定。

②进入系统设置菜单和设定测试仪的输入阻抗

按功能选择栏中的 系统 键即可进入系统设置菜单。该菜单包括"声音""输入阻抗""扫描时间"三个选项，由 $C_2 \sim C_4$ 键分别控制。

本测试仪的输出阻抗为 50Ω，输入阻抗有"50Ω"和"高阻"两种状态（"高阻"状态下的输入阻抗为 500kΩ），可以满足输入/输出阻抗为 50Ω 的电路测试和输入阻抗为 50Ω、输出阻抗不为 50Ω 的电路测试。

当被测电路的输入阻抗大于 50Ω 又不属于高阻时（例如 RC、RL 和 RLC 等无源四端网络），测试时应考虑测试仪输出电阻的影响。当被测电路的输入阻抗远远大于 50Ω 时（例如运算放大器）可忽略测试仪输出阻抗的影响。

被测电路要求输出端为 50Ω 匹配负载时，测试仪的输入阻抗应设为 50Ω。如果被测电路的输出端不是 50Ω 匹配负载、或要分析被测电路的开路输出特性时，测试仪的输入阻抗应设为高阻。

"输入阻抗"的下边列出了"50Ω"和"高阻"两个可选项，这种格式在测试仪的功能选择菜单中很多，凡是这种格式，反复按相应的项目选择键，使需要选定的项目呈现反白，就是该项目被选中了。例如：选择测试仪的输入阻抗时按 C_3 键使"50Ω"或"高阻"呈现反白即可。

在以下的叙述中，除特别说明要把测试仪"输入阻抗"设置为 50Ω 外，均应设置为"高阻"。

"系统"菜单中还有"声音"和"扫描时间"两个选项，一并介绍如下：

"声音"设置由 C_2 键控制。选择"开"时，每次操作按键，测试仪内部的蜂鸣器就发一次短声，选择"关"时蜂鸣器不发声。

"扫描时间"由 C_4 键控制，设置扫描时间只能用 △ 或 ▽ 键和调节手轮操作，调节步距为 1 倍。

扫描时间的倍数越大，测试仪扫描一次所用的时间就越大，速度就越慢。开机时的默认值为 2 倍，当扫描始点频率和终点频率设置得较低时，应适当增加扫描时间的倍数值，这样可大大提高曲线的稳定性和准确性。

（2）校准和设置增益菜单

①以上准备工作完成后，将输出 BNC 插座与输入 BNC 插座用双插头电缆短接（或用两根 BNC 双夹线短接），然后按校准键进入校准菜单，显示屏显示"请将测试线连接到输出/输入端口，然后按确定键，按取消键将恢复到未校准状态"，此时仪器提示将输入/输出端用测试电缆连接，按"确定"（C_5 键），仪器开始校准，大约 6 秒钟后完成校准并回到频率菜单，如果电缆未连接好，6 秒后仪器会提示您"测试线未连接，请将测试线连接到输出/输入端口，然后按确定键，按取消键将恢复到未校准状态"，连接好电缆后再次按"确定"（C_5 键）进入校准。如要取消校准，按一下"取消"（C_4 键）即可。

校准结束后，显示屏上应出现一条与水平电器刻度平行的红色水平基线，当"基准"设置值改变时，该基线会相应地上下平移。

②进入增益菜单和设定输出/输入增益

仪器在执行校准时会自动将输出增益设为–20dB（幅度约为 0.67Vpp），输入增益设为 0dB（无衰减）。校准结束后，往往还要根据测试的要求重新设定输出增益。

按功能选择栏内的增益键即可进入增益菜单，增益的显示只有"对数"一种方式，所以该菜单中所有的参数都是以电压增益 dB 为单位（$A = 20\lg\dfrac{u_o}{u_i}$）按对数关系给出的。该菜单中包括"输出""输入""基准"和"增益"等四个选项，由 $C_2 \sim C_5$ 四个键分别控制。

"输出"二字下面的设置值代表测试仪的输出电平值，0dB 时输出电平的峰峰值实测为 6.7V。"输入"二字下面的设置值代表测试仪输入端所带衰减器的衰减值，0dB 代表无衰减。"基准"二字下面的设置值代表显示曲线在显示屏上的基准位置，为了观察曲线的方便，应适当设置和调整"基准"值。当"输出""输入"和"基准"设置完成并执行校准后，所显示的曲线是一条与显示屏水平电器刻度平行的直线。无论上述哪组设置值减小（增加），曲线都会向下（相上）平移相应 dB 的刻度。

A．输出增益的设置

进入增益菜单后，再按 C_2 键和 –/←、2、0、dB 键即完成输出增益设为–20dB 的操作。也可调节手轮改变"增益"设置值（逆时针减小，顺时针增加，调节步距 1dB），或者按调节键 ∧ 或 ∨ 进行调节，每按一次改变 10dB。

"输出"增益的设置范围是 0～–80dB，用数字键设置时，如果设置值大于 0 或小于 –80dB，则操作无效，测试仪保持原有设置值。

B．输入增益的设置

按 C_3 键和 0、dB 键即完成输入增益设为 0dB 的操作。输入增益的设置范围是 10dB～ –30dB，步距为 10dB，用数字键设置输入增益时，如果输入值不是 10 的整倍数，测试仪则首先将输入值按四舍五入的规则进行预处理，然后将处理后的结果作为设置值。同样，输入增益的设置值也可以用手轮及用调节键 ∧ 或 ∨ 进行改变。

C．扫描线位置基准设置

"基准"的设置范围为–50dB～150dB。按 C_4 键后再按相应的数字键和 Hz 键，或旋转调节手轮，均可改变基准值。按 ∧ 或 ∨ 键也可以改变基准值，但 ∧ 和 ∨ 键的调节步距为 25dB。

D．增益刻度比例设置

菜单中最下边的"增益"表示水平电器刻度在垂直方向每大格所代表的增益值，共有"10dB""5dB"和"1dB"三种显示方式，连续按 增益 键，三种显示方式会依次轮流以反白方式出现。

（3）接线

校准完毕后，用工厂提供的 BNC 头双夹线按图 2.2 所示的方法，将测试仪的输出端（OUT）与被测电路的输入端（IN）连接、被测电路的输出端（OUT）与测试仪的输入端（IN）连接。注意红夹子所连的是芯线（信号线），黑夹子所连的是地线，不可接错。当被测电路频率高于 8MHz 时，最好使用双端都是 BNC 插头的电缆连接。

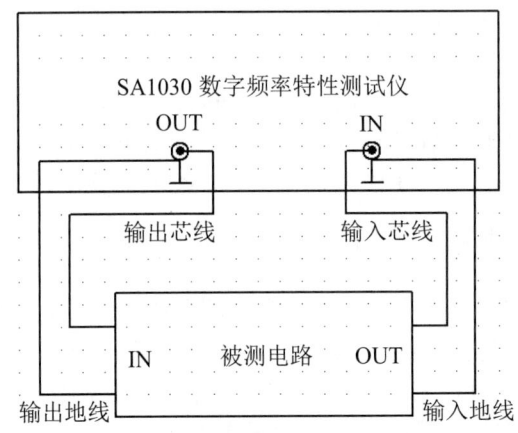

图 2.2 测试框图

在测试过程中不可改变频率菜单中的设定值，否则要重新校准。

3．特性曲线显示窗和数据的判读。

（1）特性曲线显示窗

显示屏面右侧显示的是操作菜单。左侧大部分面积中所显示的是特性曲线显示窗，结构如图 2.3 所示，窗口由 11 条垂直电器刻度线（虚线）和 9 条水平电器刻度线构成 8 行、10 列正方形方格阵列，幅频特性曲线和相频特性曲线就显示在方格阵列中。

在方格阵列的下边用英文给出了三组数据，始点频率（Start）和终点频率（End）所显示的是测试仪的设定值。第三组数据显示在始点频率（Start）值的右边，显示内容随光标菜单中的设置而定，当光标设置为"幅频"时，显示内容为垂直刻度每格代表的增益值（Gain），即 10dB/div、5dB/div 或 1dB/div。当光标设置为"相频"时，显示内容为垂直刻度每格代表的相位差值（Phase，以度为单位）。

在方格阵列的上边用英文给出了两组数据，显示内容随光标菜单中的设置而定，当光标设置为"光标幅频"和"光标常态"时，显示内容为光标所在点的频率值和该频率点的绝对增益值（以 dB 为单位）。当光标设置为"光标幅频"和"光标差值"时，显示内容为两个选定光标所在点之间的频率差值和增益差值（以 dB 为单位）。当光标设置为"光标相频"和"光标常态"时，显示内容为光标所在点的频率值和该频率点的相位值（以度为单位）。当光标设置为"光标相频"和"光标差值"时，显示内容为两个选定光标所在点之间的频率差值和相位差值（以度为单位）。

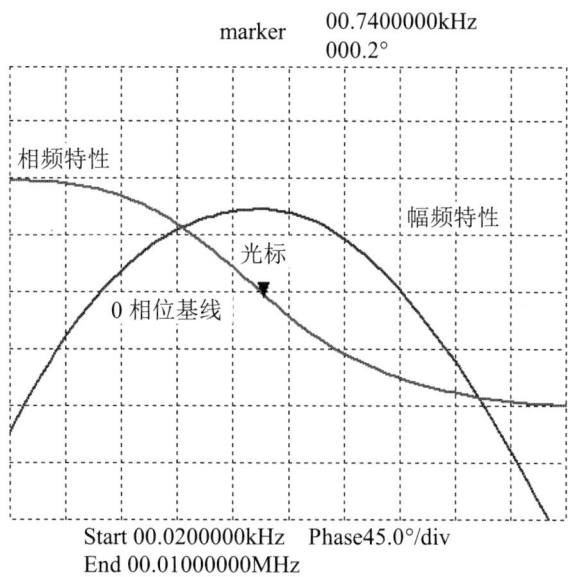

图 2.3　频率特性测试仪的特性曲线显示窗（"频率对数"状态）

4．使用实例。

（1）LC 串联谐振电路的频率特性测试

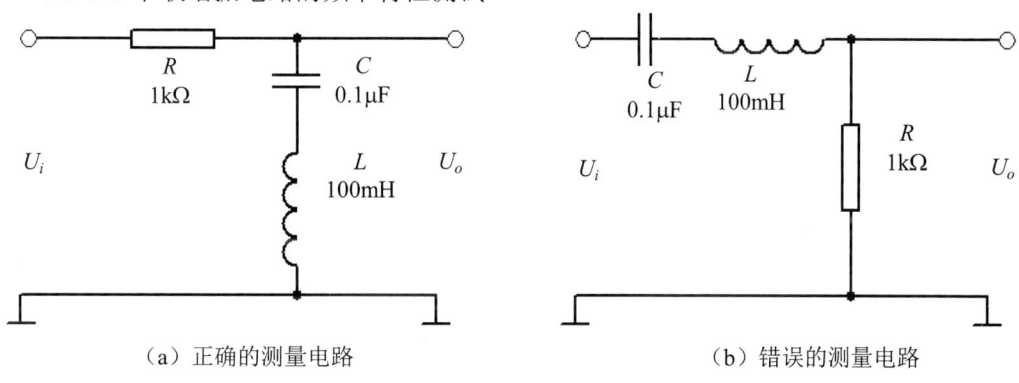

（a）正确的测量电路　　　　　　　　　（b）错误的测量电路

图 2.4　测量 LC 串联谐振电路的接线方法

LC 串联电路发生谐振时最大的特点是 LC 电路两端呈现的阻抗最小、电压降最小，所以正确的方法应测量总输入电压 U_i 在 LC 串联回路上的分压。故应在 LC 串联谐振电路的输入端串入一只阻值在 1~2kΩ 左右的电阻 R，连接方法如图 2.4（a）所示。而不能像图 2.4（b）所示电路那样把 R 接地后在 R 两端测量电压，否则测试仪的输入电阻和输入电容会导致测量不准。图 2.4（a）所示电路中，谐振频率为

$$f_O = \frac{1}{2\pi\sqrt{LC}}$$

取 $C=0.1\mu F$，$L=100mH$，$f_O=1.592kHz$。

在谐振频率 f_O 处输出电压相位为 0°，谐振回路呈电阻性且阻抗最小，所以输出端增益小于 0dB 且最小。频率低于 f_O 时串联电路呈电容性，电压相位＜0，当频率趋近于 0Hz 时电压相位趋近于–0°且容抗趋近于∞，增益趋近于 0dB。频率高于 f_O 时回路呈电感性，电压

相位＞0，当频率趋近于∞时电压相位趋近于+0°，增益也趋近于 0dB。在 f_O 处的电压增益由电路的 Q 值决定。

$$Q = \frac{U_o}{U_i} = \frac{1}{R_0}\sqrt{\frac{L}{C}}$$

式中，R_0 为串联谐振回路中的电感线圈电阻。在计算之前可用万用表 R_0 测量一下，若 R_0 按 40Ω 估计，则 Q 值约为 25，于是在 f_O 处的电压增益应为

$$G = -20\lg Q = -20\lg 25 \approx -28\text{dB}$$

测试图 2.4（a）所示电路时测试仪的设置见表 2.1。

表 2.1 测试 LC 串联谐振电路时测试仪参数的设置

功能选择	菜单名称	参数设置
频率	频率	线性
	始点	300Hz
	终点	3kHz
增益	输出	−20dB
	输入	0dB
	基准	100
	增益	5.0dB/div
光标	光标	常态（或差值）
	光标 1	开
	光标 2	开（自动）
	光标 3	关
	光标 4	关
	光标幅频	测量幅频特性曲线时选中
	光标相频	测量相频特性曲线时选中
显示	幅频	开
	相频	开
系统	声音	开
	输入阻抗	高阻
	扫描时间	2 倍

注意：由于电路的 Q 值远大于 1，测试仪"增益"菜单中的"输出增益"或（和）"增益基准"应适当增大或减小，使扫描基线上下平移，以便完整地观察曲线和判读数据。

该电路的特性曲线显示窗如图 2.5 所示。判读结果见表 2.2。

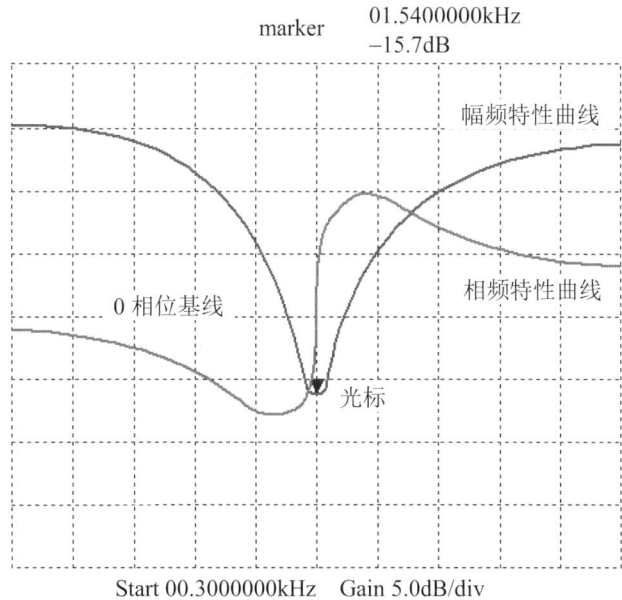

图 2.5 LC 串联谐振电路的输出电压幅频特性和输出电压相频特性曲线显示窗

表 2.2 LC 串联谐振电路的判读结果

幅频特性	谐振频率 f_O	1.54kHz	相频特性	最小相位（度）	−56.1
	下边频 f_{CL}	1.47kHz		最大相位（度）	65.0
	上边频 f_{CH}	1.64kHz		相位超前区间	$>f_O$
	通频带宽	0.17kHz		相位滞后区间	$<f_O$
	f_O 点电路增益	−21.4dB		f_O 点相位特性	连续、递增

（2）LC 并联谐振电路的频率特性测试

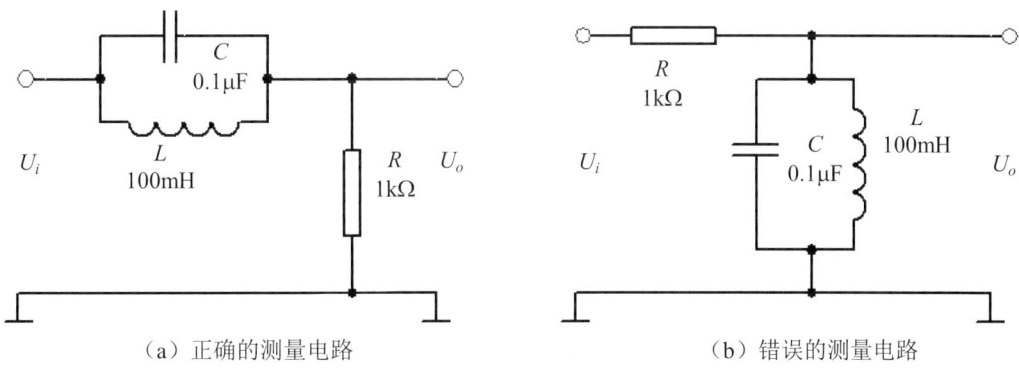

(a) 正确的测量电路　　　　　　　　　(b) 错误的测量电路

图 2.6 测量 LC 并联谐振电路的接线方法

LC 并联电路发生谐振时最大的特点是 LC 回路两端所呈现的阻抗最大、流过 LC 回路的电流最小，所以正确的方法应该是测量回路电流，在 LC 并联谐振电路的输出端对地串入一只电阻 R，测量回路电流在 R 两端的电压降，连接方法如图 2.6（a）所示。而不能像图 2.6

（b）所示电路那样串联在 LC 并联谐振电路的输入端去直接测量 LC 并联回路的电压，否则测试仪的输入电阻和输入电容会严重影响谐振回路的 Q 值，导致测量不准。

并联谐振电路与串联谐振电路的计算方法一样，谐振频率 f_O 也等于 $\dfrac{1}{2\pi\sqrt{LC}}$，电路的品质因素 Q 也等于 $\dfrac{1}{R_0}\sqrt{\dfrac{L}{C}}$。如果也取 $C=0.1\mu F$，$L=100mH$，f_O 同样等于 1.592kHz。

测量图 2.6（a）所示电路时的测试仪设置与表 2.8 相同，特性曲线显示窗如图 2.7 所示。判读结果见表 2.3。

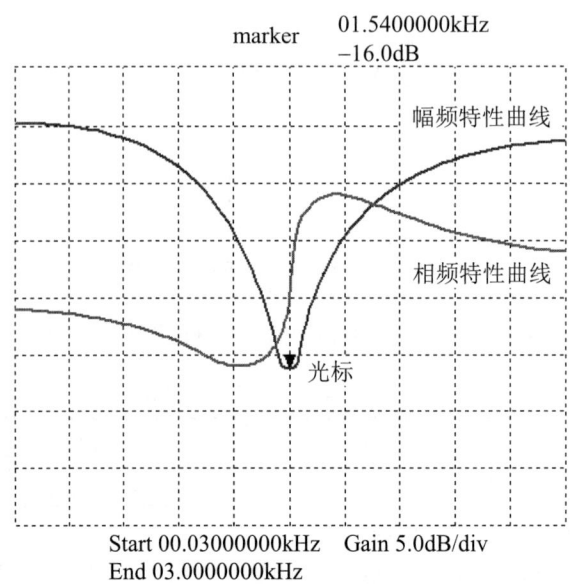

图 2.7 并联谐振电路的回路电流幅频特性和回路电流相频特性曲线显示窗

表 2.3 LC 串联谐振电路的判读结果

幅频特性	谐振频率 f_O	1.54kHz	相频特性	最小相位（度）	−53
	下边频 f_{CL}	1.47kHz		最大相位（度）	68.0
	上边频 f_{CH}	1.62kHz		相位超前区间	$>f_O$
	通频带宽	0.15kHz		相位滞后区间	$<f_O$
	f_O 点电路增益	−22.1dB		f_O 点相位特性	连续、递增

（3）SA9010B 频谱分析仪

① 主要特性简介如下。

显示特性：采用 5.7″彩色液晶显示器，可直观地显示多种信息。

幅度特性：可精确测量被测信号的功率电平值。

衰减特性：具有连续可调的 0~40dB 信号衰减功能。

测量特性：可同时显示中心频率、扫频宽度、分析带宽、被测信号电平值等参数。

光标功能：可以设置多组光标，对不同点的频率及电平进行指示。

操作方式：按键操作，彩色液晶显示，直接数字设置，旋钮连续调节。

②频谱仪测量工作原理。

本频谱仪可测量频率范围在 0.15~1050MHz 的电子信号的频谱成分，被测信号和他的内容必须有再现性。对比示波器（示波器的纵向坐标为电平显示，横坐标为时域，频谱仪的纵坐标为电平显示，横坐标为频域），对于同样一个信号，示波器只可以显示其合成波；而在频谱仪上，可观察到各个频谱分量。

频谱仪依据超外接收机原理工作，被测量的信号输入第一混频器与本地振荡器的信号混合，输入频率和本地振荡频率之差就是第一中频，它将通过带通滤波器转为 1350MHz 的中心频率，然后进入放大器，接着经过两个混频器，分别输出第二中频、第三中频。在中频放大电路中，中频放大器有三个不同的带宽：第一个为 400kHz，第二个为 120kHz，第三个为 9kHz。它们分别由电子开关控制，然后输入对数放大器解调，变成 Y 轴相应的幅度，它跟输入信号大小是成比例的。

X 轴是频率基准线，它是由一个锯齿波的电压发生器所产生的，该电位可以跟一个直流电位叠加。这个直流电位就是输入信号的中心频率。在一般情况下，中心频率处在屏幕的正中间。锯齿波的电压范围，就是在屏幕上显示的以中心点为基准的频率范围，就是所谓的"扫频宽度"。

③面板说明。

a．键盘

键盘共有 27 个按键，按功能分为四个区：数字区、功能区、子菜单区、调节区。

数字区：数字区包括【0】、【1】、【2】、【3】、【4】、【5】、【6】、【7】、【8】、【9】、【．】、【ENTER】12 个按键，用来输入中心频率、扫描带宽。

功能区：功能区包括【CF】、【SPAN】、【RBW】、【VBW】、【PEAK】、【MKR】、【ATT】、【RESET】共 8 个功能按键，用来选择主菜单。

菜单区：菜单区包括五个软键，在不同的菜单下有不同的功能。软键在说明书中以斜体字加【 】表示，如【*10M*】，以区别其他按键。

调节区：调节区只有 2 个按键，【∧】、【∨】按下后，可以向上或者向下设置中心频率或者扫描宽度。

b．显示

显示屏分 4 个区：主显示区、子菜单显示区、光标指示区、状态显示区，如图 3.1 所示。

主显示区显示被测信号的频域特性曲线，主显示区点阵为 320×240，横轴 10 个大格，纵轴 8 个大格。

子菜单显示区显示用户可快捷设置的中心频率、扫描带宽、分析带宽、视频带宽、衰减量以及光标的各种功能，在显示屏的右侧。

光标指示区显示光标位置的频率、增益以及当前所衰减的量。

状态显示区显示当前所处的测量状态的各个参数的值。包括中心频率，扫描带宽，分析带宽（RBW），视频带宽（VBW）。

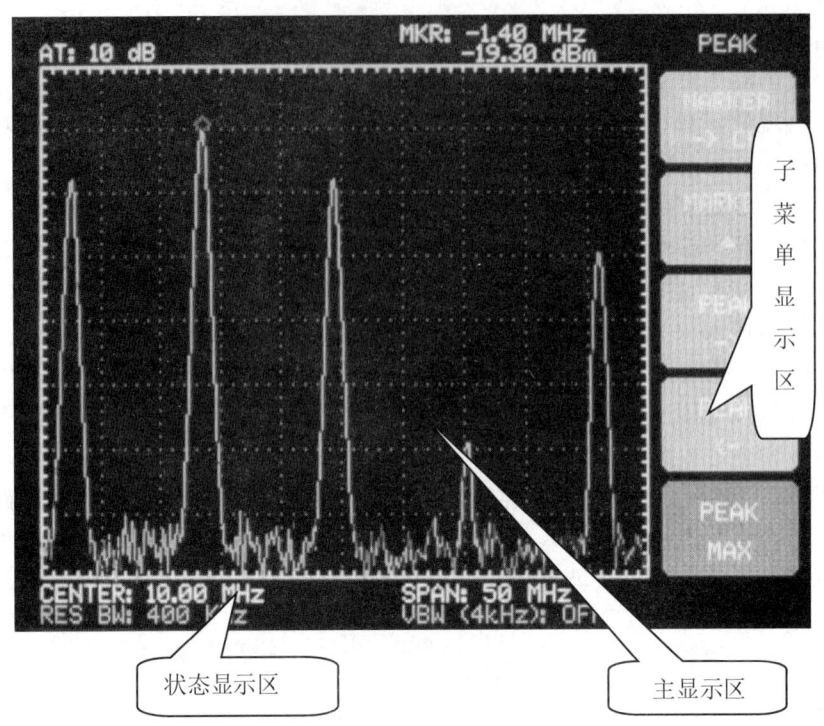

图 3.1 频谱仪显示窗口

④使用说明。

下面操作以输入一个频率为 100MHz，幅度为 –10dBm 的信号为例进行说明。

当你测量输入信号的频谱特性时，在接入信号前，首先需要对频谱仪进行设置，设置中心频率，扫描带宽，输入衰减三个主要测量参数；

测量输入 100MHz 信号时，按下【CF】键设置中心频率，在数字区输入【1】、【0】、【0】，由于设置频率的单位都是默认的"MHz"，所以在输入完数字后，直接按【ENTER】键，无需输入单位，就可以在屏幕上显示为"center frequency 100MHz"的字样，即说明中心频率已经设置成功。也可以在按下【CF】键后，在菜单区内进行选择，在菜单区的五个按键上分别设有【10M】、【20M】、【50M】、【100M】、【200M】五个中心频率值，按下后可以直接设置相应的中心频率值；若选择 100MHz 中心频率，则直接设置即可。也可以在按下【CF】键后，转动调节旋钮，改变输入中心频率值，或者用下面的【∧】、【∨】来改变中心频率的值。

然后按下【SPAN】设置扫描带宽，在数字区输入【1】、【0】、【0】，由于设置频率的单位都是默认的"MHz"，所以在输入完数字后，直接按【ENTER】键，无需输入单位，就可以在屏幕上显示为"span 100MHz"的字样，即说明扫描带宽已经设置成功。也可以在按下【SPAN】键后，在菜单区内进行选择，在菜单区的五个按键上分别设有【200M】、【100M】、【50M】、【20M】、【10M】五个扫描带宽值，按下后可以直接设置相应的扫描带宽值；若选择 50MHz 扫描带宽，则直接设置即可。

最后按下【ATT】设置输入衰减，在菜单区内进行选择，在菜单区的五个按键上分别设有【0dB】、【10dB】、【20dB】、【30dB】、【40dB】五个输入衰减值，按下后可以直接设置相应的输入衰减值；在一般情况下，如果已知输入信号的幅度，可以不衰减或者自行选择；如果不知道输入信号的幅度大小的话，建议先输入一个大衰减量，比如 20dB，则在屏幕的左上角处显示"AT：20dB"。为避免对仪器内部器件造成损坏。加入信号后可以再根据需要对衰减量进行调整。

这三项参数都设置好之后，再加入输入信号进行测量，根据具体测量需要对参数进行相应调整，输入信号接入后，可以根据需要对分析带宽【RBW】、视频带宽【VBW】进行设置：分析带宽【RBW】按下后，在菜单区显示有【400kHz】、【120kHz】、【9kHz】三个选项可供选择；视频带宽【VBW】按下后，可以开启或者关闭视频带宽。

在测量信号输入幅度时，需要用到峰值检测【PEAK】、光标【MKR】这两个功能。

按下【PEAK】键，光标会自动寻找到幅度最大值的点，并将光标移动到此点上。在菜单区内显示【MARKER→CF】、【MARKER △】、【PEAK →】、【PEAK ←】、【PEAK MAX】。

【MARKER→CF】：表示将光标点设置成中心频率，并显示在屏幕的中间，便于观察光标点的幅频曲线。

【MARKER △】：表示现在情况下测量的是光标所在点与其他点的幅度和频率的差值，显示在屏幕上端的右侧。

【PEAK →】：表示查找右边一个峰值。

【PEAK ←】：表示查找左边一个峰值。

【PEAK MAX】：表示查找并将光标移动到峰值最大值的点。

按下【MKR】键，在菜单区内显示【MARKER NORMAL】、【MARKER △】、【SELECT 1 2】、【MKR 1 ON】。

【MARKER NORMAL】：表示正常的光标显示，在屏幕的上端右侧显示的是光标点的频率值和幅度值。

【MARKER △】：表示现在情况下测量的是光标所在点与其他点的幅度和频率的差值，显示在屏幕上端的右侧。

【SELECT 1 2】：表示现在选择的是光标 1 还是光标 2。

【MKR 1 ON】：表示光标现在的显示状态是开启还是关闭。

在功能区内还有一个按键【RESET】，用来对仪器进行软复位。

参 考 文 献

[1] 王卫东. 高频电子电路（第 2 版）. 北京：电子工业出版社，2009
[2] 熊发明. 新编电子电路与信号课程实验指导. 北京：国防工业出版社，2005
[3] 李淑明. 模拟电子电路实验·设计·仿真. 北京：电子科技大学出版社，2009
[4] [日]森荣二著. *LC* 滤波器设计与制作. 薛培鼎译. 北京：科学出版社，2006
[5] 谢自美. 电子线路设计·实验·测试[M]（第 2 版）. 武汉：华中科技大学出版社，2003
[6] 侯建军. 电子技术基础实验、综合设计实验与课程设计[M]. 北京：高等教育出版社，2009
[7] 王连英. 基于 Multisim 10 的电子仿真实验与设计. 北京：北京邮电大学出版社，2009
[8] 王冠华. Multisim10 电路设计及应用. 北京：国防工业出版社，2008
[9] 稻叶保. 振荡电路的设计与应用. 北京：科学出版社，2004
[10] 雨宫好文. 振荡/调制解调电路. 北京：科学出版社，2000